愛犬家住宅—編

狗狗與我們同住

舒適又自在♥

瑞昇文化

前言

聽到「家人」一詞，您會想起誰呢？
爸爸、媽媽、小孩、哥哥、姐姐、弟弟、爺爺、奶奶、孫子……。
全部都是無可取代的人對吧？
還有，家人的幸福，對您來說也是相當重要的。

沒有任何一個家庭不會幫愛犬取名字。
既然是一家人，當然會幫牠取名字。
況且狗狗是與我們朝夕相處、帶給我們富足心靈、無可取代的家人。

為了能讓您與這位家人過著「更好」的生活，請讓我向您獻上這本書。

狗狗的一生當中，有一半的時間都是在家裡渡過。
比起人類，狗狗待在家裡的時間更久。
這位重要的家人，牠的身分與我們人類不同，牠是一隻狗。
為了能夠在同一個屋簷下共同生活，
除了「教養」與「養育方式」之外，
也必須用心打造最根本的居家環境。

不光只是解決問題，
從最基礎的居住層面打造一個能夠跟愛犬更加幸福生活在一起的環境，
正是我們「與愛犬共同生活」之「愛犬家住宅」所致力推廣的主旨。

為了達成此目標，我們從「居家方式」與「養育方式」
這兩個方面開始學習，
成為一個可以與大家共享知識的愛狗人住宅環境專家，
現以「愛犬家住宅專員（AJC）」的名義在全國各地展開活動。

我們「愛犬家住宅專員」和各位讀者一樣，
都是對狗狗的愛永無止盡的愛狗人，
本書介紹了許多用心打造的住宅，希望能透過此書與各位讀者分享。

相信裡頭所介紹的各式住宅，能夠成為您將來打造居家環境的靈感。

若能幫助您達成「想和愛犬過著更加幸福快樂的生活」的目標，
將會是我們的榮幸。

何謂愛犬家住宅……

狗狗是我們重要的家人，牠與我們生活在同樣的環境裡。而且牠待在家裡的時間，可能比我們任何一個人都還要長。不過，狗狗跟我們人類不一樣，牠擁有自己的個性和特性。適合人類居住的房子，不一定適合狗狗居住。房子是一切生活的基礎。不論是人或是狗，都能一同享受到居家的安心、安全、舒適，這就是我們「愛犬家住宅」的理念。

Contents

Housing design to live with dogs by AJC

Housing design to live with dogs by architect

Shop & Apartment design to live with dogs

That's a good idea!

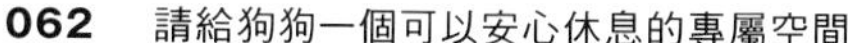

Happy life with dogs!

Recipes of homemade food for dogs

Building materials and goods of housing design to live with dogs

＊ LDK：日本不動產界用來描述公寓的常用縮寫。表示的意思是客廳（Living），用餐（Dining）和廚房（Kitchen）區域，字母前會有房間數。有時也會有LD的形式出現。

Housing design to live with dogs by AJC

我們訪問到建造了愛犬家住宅的S先生！

S宅

愛犬家住宅
專員：
西澤 雄嗣

把愛犬的基地設置在樓梯下面，庭院則是狗狗散步場所。期盼打造一個富有玩心的住宅

「我想要打造一個富有玩心的居家環境，因此建立了別墅風格的平房，並在通往閣樓的樓梯裡裝設了各種機能。像是可以做為狗狗基地的空間，附有出入口的洞穴式隱藏小屋，還設置了狗狗專用的飲水器。另外，也嵌入電腦桌和收納空間，電視櫃也融入其中成為一體……。這是我以前親手幫Kenta打造狗屋的時候，當時得到的靈感再延伸變化而來。我把理想中的樣式告訴愛犬住宅家的專員－西野先生，請他幫我呈現出來。」（S先生）。

Kenta只有在夫妻倆人都在的時候，才會一起上閣樓，平常不會讓牠自己上下樓梯。廚房設有拉式柵門，防止Kenta進入。整棟房子皆無門檻或高低落差，全然是個無障礙的環境，可以很輕鬆地打掃狗狗的廢毛。地板和腰壁板都是選用耐刮、耐髒汙的材質。另外，也在天花板嵌入奈米水離子產生器（參照P.116），除去惱人的臭味。房間和衣櫥也選用了有調節濕氣及除臭功能的建材。

「跟Kenta一起生活，我是不在意他身上的味道，只不過不希望當有客人來訪時，聽到客人說：『因為有養狗，所以才會臭臭的』。這樣對Kenta來講實在太無禮了。西澤先生擁有相當豐富的愛犬家住宅知識，託他的福，讓我家變得既舒適又能滿足各種生活上的需求。」（S先生）。

當我們回顧居家打造的情景時，S先生也有提到以下讓他印象特別深刻的事。

「不僅是西澤先生，在場的所有工作人員都沒把Kenta當作寵物，而是把牠視為一名『家人』待牠。每次見面討論的時候，也一定會跟Kenta打招呼，設計圖上的標題也清楚標示著『S夫婦 with Kenta』，就連透視草圖也巧妙地將Kenta的照片融入其中。破土典禮和上棟式*也是以Kenta為主做考量來進行。在我們家Kenta就是我們的小孩、我們的家人，如此貼心的舉動，真的比什麼都值得高興。還有，擔任木匠工頭的Y先生，他注意到Kenta房間的內壁材質（人看不到的地方）的輕微髒汙，表示『Kenta會看到』，然後多花了1天的時間來幫Kenta換上乾淨的材質……。真是太感動了！」（S先生）

LDK的外面是木頭甲板。紗門底下裝了一個小門，讓Kenta可以自由地鑽進鑽出。只要S先生喊一聲「汪－噗」，Kenta就會從紗門底下的小門鑽進來。庭院是狗狗的散步場所，鋪有排水性極佳的碎磚石（打碎磚塊後的小碎石）＋可以常保清潔的人工地皮，再用木頭柵欄圍起來。

「Kenta是一隻多才多藝的狗狗。不管是笑容、打呵欠、把下巴貼在地板趴著或後腳站立……。只要跟牠說話，牠就會表演給我們看。因此附近鄰居都很喜歡牠。還有粉絲會期待在散步的時候可以見到Kenta呢！也把我們家稱作 Kenta house或者Kenta的家。」（S先生）

只要見到Kenta那豐富又可愛的表情，就會了解這個家的日常生活，不管是對夫妻倆人或Kenta來講，是多麼地幸福。而且，這個跟狗狗幸福同居的家，也可以帶給周遭的人幸福。

* 上棟式是指在建築物主結構完成時，最後將屋架最上部的棟木，也就是主樑安上固定的儀式。

樓梯下面是愛犬專屬的基地。設置了有出入口的洞穴式隱藏小窩和飲水器。

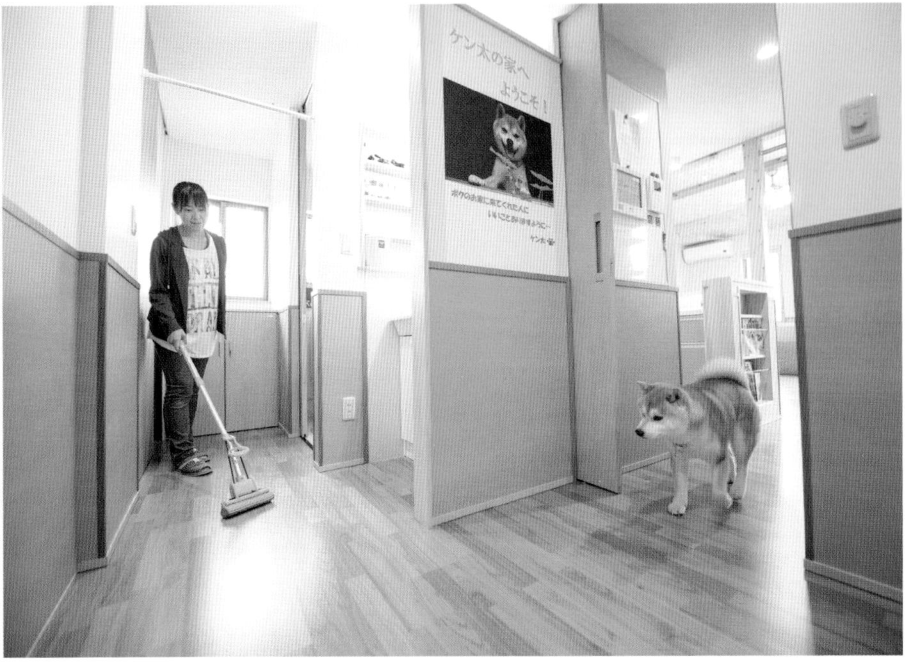

沒有門檻和高低落差，因此不會卡到跌倒，也很好清掃。牆壁有作腰壁板，防止刮痕和髒汙。

廚房的出入口設有拉式柵門。

庭院裡用木頭柵欄圍起來的寬廣散步場所。

散步場所鋪有可常保清潔的人工地皮。

玄關前面設有木頭柵欄和柵門。

LDK外面是木頭甲板。
旁邊也有裝設水龍頭，方便快速沖洗髒汙。

紗門底下用來進出的小門。
可以讓Kenta自由進出室內外。

我們訪問到把居家環境打造成愛犬家住宅樣式的 M 小姐！

樓梯下面作了一個地窖空間，讓有神經質的狗狗可以放心躲藏。

想在客廳打造一個能讓狗狗如廁，卻又能乾淨收納的廁所以及一個可以讓膽小的愛犬躲藏的的地方

M宅的愛犬叫做MAZA和KON。

「MAZA和KON都已經記住了如廁的地方，因此無法改變客廳那塊用來上廁所的範圍，真的很困擾。除此之外，個性較神經質的MAZA會怕打雷、煙火和大雨的聲音，牠會躲進電視附近的狹小空間，這也是我心中的隱憂。因此，我希望可以在不變動廁所範圍的情況下，讓客廳更整潔乾淨。也想為狗狗打造一個可以安心躲藏的地方，因此才聯絡愛犬住宅家的專員共同討論。」（M先生）

愛犬住宅家專員－吉澤小姐的提案是，利用客廳的收納櫃，把電視櫃和狗狗如廁的地方連結在一起。廁所的內側使用防潑水材質的素材。入口前方的橫木高度，要讓狗狗可以抬腿尿尿，並且不妨礙進出。底部新增了可以拉出來的平台，作為狗狗喝水的地方或專屬的小天地。電視以及周邊器材的電線可以完整收納，也有空間可以收納狗狗的衣服。另外，也在樓梯下面作了一個類似地窖的空間，讓狗狗隨時隨地都可躲藏。

「MAZA和KON都很滿意新作好的廁所和專屬的小天地，客廳也變乾淨了，生活品質瞬間提高。愛犬家住宅的專員是站在愛狗人的角度親身去設想，提供我各式各樣的解決方案，靈感也很豐富，託她們的福，我對此次的翻修相當滿意。」（M先生）

廁所入口處的橫木，是有除臭效果的檜木。
使用方便拆卸的磁鐵接合，也易於清掃。

樓梯下面作了一個狗狗專屬的地窖空間。
地板鋪有磁磚。

狗狗對新廁所很滿意。

AQUOS
SHARP

右邊最下層是狗狗的廁所。中間是喝水的地方。左邊是狗狗的小天地，並且可以從底部拉出平台，當作用餐的空間。

T宅

愛犬家住宅
專員：
都築 誠

天花板打通的客廳。
牆壁和拉門是赤松木，柱子和樓梯扶手是檜木，沙發是桐木。
採用天然木材的舒適空間。

愛犬專屬的小天地以及可以跑來跑去的空間
用心打造一個能跟愛犬住得更舒服的環境

T宅擁有將天花板打通到2樓的開放式寬敞客廳。用來隔開客廳和DK空間的，是格柵和簡約樓梯。透過格柵間的空隙，可以瞧見家人和愛犬的身影，過著悠遊自在並能把彼此連結在一起的生活。愛犬們的生活空間在一樓。範圍是客廳前方舖有磁磚的地面（室內），地面外的陽台（室外），然後再銜接至玄關，愛犬們可以在這個範圍內跑來跑去。把愛犬專屬的小天地設置在飯廳裡電視櫃的下面。地板和牆壁貼有磁磚，並裝置地板暖氣，再將格柵從電視櫃下方拉出來，就成了一道柵門。而在玄關入口處附近的涼亭，也設置了可供溫水的沖洗設備，當和愛犬散步回來時，迅速就可沖洗掉狗狗身上的髒污。另外，在盥洗室也設計了一個可以輕鬆幫狗狗洗澡的洗臉化妝台。T宅的柱子是用檜木、一樓的地板是用素色的赤松木、二樓的地板則是使用桐木。像這樣使用了大量的天然木材，如同置身在森林裡，周圍充滿了安心平穩的氣氛。此外，也充分考量了採光方式以及風的流向。在客廳設置了柴火爐也是我們的堅持之一。讓人和狗狗都能享受到住得既舒適又能貼近大自然的生活。

Family members

夫妻＋小孩2人＋狗狗2隻（迷你臘腸犬）

Reon
（迷你臘腸犬，男生，2歲）

Rui
（迷你臘腸犬，男生，8歲）

設置在客廳的柴火爐，冬天的時候可以溫暖整個家。一拉開拉門，就會看到寬廣的磁磚地面。

充滿穩重氣氛的天然木材DK。從廚房環視飯廳，客廳的情景也一目瞭然。

電視櫃下面就是愛犬專屬的小天地。

客廳的磁磚地面（室內），連到外面後是寬廣的涼棚。

涼棚設有一處可供溫水的沖洗設備。

Non(黃金獵犬，女生)

I宅

愛犬家住宅
專員：
池田 千夏子

由於相處的時間有限，希望打造一個盡可能沒有機會斥責牠的家

夫妻都在工作，每天都過著忙碌生活的I先生表示：「由於相處的時間有限，希望打造一個盡可能沒有機會斥責牠的家」。對於這樣的I宅，我們有著許多跳脫住宅常識的天馬行空發想與靈感 。在整個家中，除了廁所和浴室之外，全都不作隔間，呈現出寬敞的空間。一樓是通風又充滿開放感的LDK空間，並在中央附近設置了一個可以讓狗狗跑來跑去的大型收納空間。除了擁有超群的收納能力，還開了一個可以讓愛犬鑽來鑽去的隧道，另外也將狗狗用餐＆喝水的地方一併設計在一起。地板採用對狗狗的腳不會造成傷害的軟木。電腦桌下面鋪有磁磚，讓狗狗可以趴在主人的腳邊。在玄關也設置了沖洗設備，狗狗在外面沾到的髒污，可以在此迅速地沖洗乾淨。二樓則是打造成通風良好的室內散步場所，讓狗狗可以來回奔跑。房子外圍也圍了一圈木頭柵欄，狗狗也可以在這邊的操場奔跑。依照生活模式所設計出來的空間，讓人和狗狗每天都能生活在無壓力、舒適、快樂的房子裡。

Family members

夫妻＋狗狗一隻（黃金獵犬）

用柵欄把庭院圍起來，就成了狗狗的散步場所。

將LDK會用到的東西全都收納在固定的收納櫃裡。就連廚房的家電也可以完整收納。

LDK的大收納櫃裡，也設有讓狗狗用餐&喝水的地方。

電腦桌下方的地板鋪有磁磚，成為狗狗的小地盤。

機能豐富，四面都可用的大型收納櫃 也可以成為室內散步場所

LDK裡這個高到天花板的大型收納櫃，可以讓狗狗在周圍繞來繞去、鑽來鑽去，考慮到狗狗的腳，地板採用軟木材質。這是一個四面都可用的便利收納櫃。中間有一個可以讓狗狗鑽來鑽去的隧道，收納空間包括人和狗狗的櫥櫃、放置空氣清淨機的空間、裝飾壁龕的空間、以及狗狗用餐＆喝水的地方。以前曾發生過擺在廚房地上的水碗被吸塵器打翻的事情，讓人覺得很煩躁。現在只要把狗狗用餐＆喝水的地方設置在收納櫃裡面，問題自然迎刃而解。

愛犬專用的隧道。上方是放置空氣清淨機的地方。

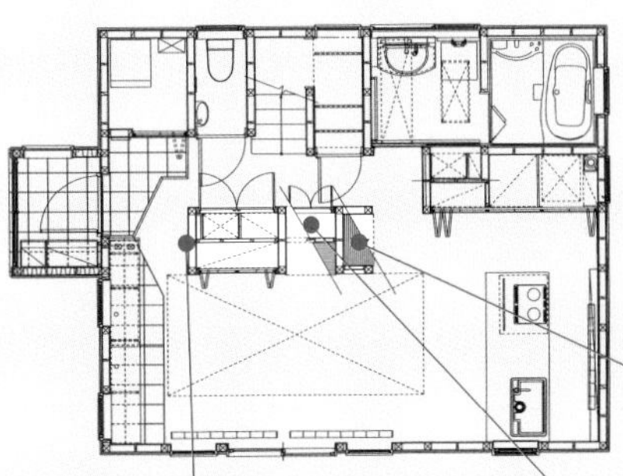

裝飾用空間設在狗狗碰不到的高度。

愛犬專用的小壁櫥。

愛犬用餐&喝水的地方。

在玄關沖洗？！
其實相當方便喔！

我們不會被既有觀念所局限。在玄關處設置沖洗設備，可以先在這裡迅速沖洗掉狗狗在外面沾到的髒汙後再進門，真的相當方便。不只是狗狗，像是釣魚或露營的用具，長靴上的髒污都可以在此沖洗。玄關入口處的護欄（防止狗狗飛奔出去），採用了設計簡單的捲筒狀收納之拉式屏風。

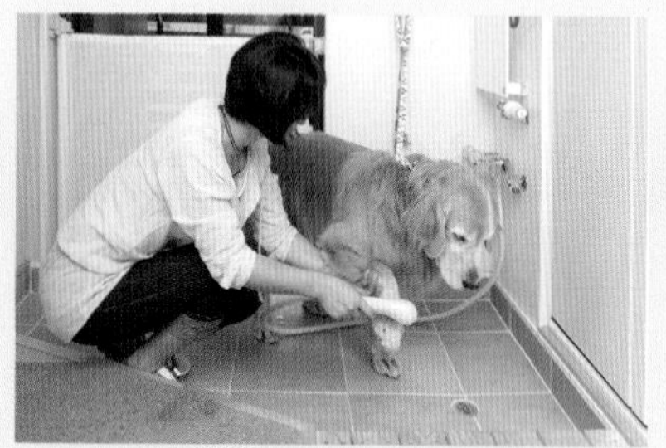

玄關鋪有磁磚。牆面設置了沖洗設備。

入口處設有防止狗狗飛奔出去的拉式屏風。

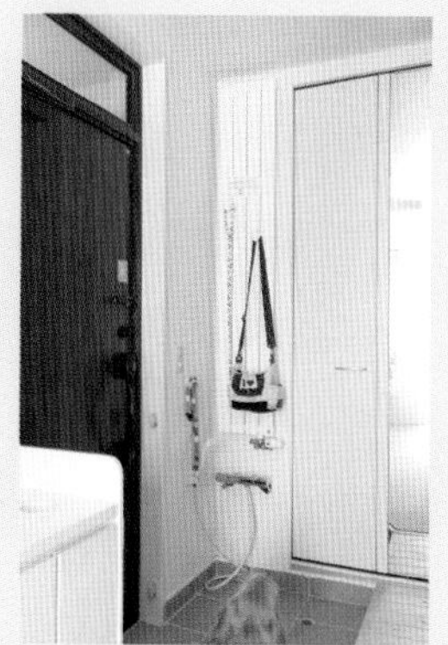

在沖洗設備周邊設置掛勾，可以用來吊掛小雜物和狗狗的牽繩。

玄關旁邊的收納櫃裡有吹風機等物品。

為了防止狗狗吃下不該吃的東西，收納櫃中設有垃圾桶。垃圾可以從檯面的洞口丟進去。

天花板打通的LDK。二樓打通處的周邊圍了一圈護欄，成為能讓狗狗跑來跑去的散步道。

N宅

愛犬家住宅
專員：
二本柳 龍太

將天花板打通，並以白色作為基底色呈現出明亮的開放式LDK。

LDK的牆面收納底下是愛犬專屬的空間。

LDK設有現代風格的愛犬專屬空間 庭院裡擁有兩種不同觸感的散步場

與愛犬共同生活的客廳，擁有14坪的寬敞空間，室內裝潢則是以白色作為基底色，呈現出簡約時尚感。地板是採用耐刮耐髒且不易滑倒的木地板。牆面的收納傢俱底下，設計了一個鋁製、帶有現代風格的愛犬專屬空間。LDK外面的庭院，分別規劃出兩個範圍，一處是給人用來享受烤肉和喝茶樂趣的涼亭，另一處則是當作狗狗的散步場所。狗狗的散步場用柵欄圍起來，並鋪設木屑和碎石地板，享受這兩種不同材質的觸感所帶來的樂趣。能夠在涼亭或LDK眺望狗狗在散步場玩耍的樣子，也是很棒的幸福時光。在N宅，我們採用了能讓室內的空氣常保新鮮，並且實現冬暖夏涼之舒適好宅的工法。有良好的空氣循環，自然不用擔心狗狗身上的臭味。為了維持舒適的室內環境，也採用了高性能的住宅工法，設置太陽能發電讓房屋變成環保綠住宅。這是一棟人和狗狗都能健康、舒適、幸福生活在一起的優質住宅。

島型廚房。旁邊緊鄰著飯廳。

狗狗可以繞著廚房和飯廳周圍跑來跑去。

窗戶外面是寬敞的狗狗散步場所。

狗狗的散步道鋪有木屑和碎石材質的地板。

T宅

愛犬家住宅

專員：

鷹休 大樹

LDK裡有狗狗專屬的空間。

有屋頂的甲板。吹來舒適的涼風。

設備機器室裡有狗狗專屬的空間。

設備機器室裡設置了可供溫水的沖洗設備。

享受舒適的生活，思考人與狗的動線

人的進出動線是，先踏進玄關的地面，再通過玄關的走道到達LDK。而與人的動線不同，狗狗的動線則是玄關的地面→有沖洗設備的設備機器室→半屋外的木頭甲板→浴室或LDK。在設備機器室裡，設有可供溫水的沖洗設備，狗狗可以在這裡沖洗在外面沾到的髒污。另外，分別在設備機器室、LDK和木頭甲板以上三處，設計內凹的牆面，作為狗狗專屬的空間。在狗狗專屬的空間裡，也特別將餐桌設計在一起。位於半屋外的木頭甲板處，利用房屋自身和格柵將此範圍圍起來，並加蓋聚碳酸酯材質的透明屋頂，讓您和狗狗可以一起在這個空間玩耍。廚房裡也貼心設置了一個防止狗狗進入的門欄。從馬路走回家中門前的走道上，部分石材採用狗狗腳掌的形狀，家中門前那條通往外面馬路的走道，嵌有設計成狗狗腳掌形狀的石材，可愛的重點裝飾相當引人注意。這是一棟人和狗狗都能融入玩心、幸福生活的住宅。

被自然的素材所包圍，寬敞又舒適的LDK

浴室和盥洗室。也可以從木頭甲板處進來。

廚房。入口處設有圍門。

O宅

愛犬家住宅
專員：
高木 利博

客廳。利用樓梯下的空間，作為狗狗專屬的空間

在客廳設置一個狗狗專屬的小天地，便可解決愛狗人的三大煩惱

O宅是一棟給夫妻倆人和兩個小孩、以及米克斯愛犬（柴犬混蝴蝶犬）居住的新建房屋。我們特別針對愛狗人的三大煩惱—「地板太滑」、「臭味」、「傷痕、髒汙」，做了各式各樣的改善。地板的鍍膜採用防滑、防水、耐磨，並且容易清理的玻璃鍍膜。對於臭味，採用有除臭功能的海扇貝殼粉和木炭塗料，塗在牆壁等建材上。客廳裡設置了狗狗的專屬空間。利用樓梯下的空間，地板採用抗菌磁磚，壁磚採用具有除臭、調節濕度功能的ECCOCARAT。此外，還裝設了內倒式開窗（Dreh-kipp），除了維持通風、採光，也能讓愛犬眺望外面的景色。而在洗臉化妝檯，則設計了一個人造大理石材質的大洗臉槽，方便小型犬在這裡洗澡。客廳外面有寬敞的甲板，也預定使用柵欄將庭院圍起來，作為狗狗的散步場所。是一棟可以讓人和狗狗都住得安心、安全、舒適，而且豐富的幸福住宅。

愛犬的專屬空間

H宅

愛犬家住宅
專員：
持田 正二

在客廳角落設置一處愛犬們的小天地

想在客廳設置一個當客人來訪時，可將愛犬帶進圍欄內的空間

H宅的愛犬是4隻米格魯。平時狗狗們都可以自由地在家裡走來走去，不過，H先生還是希望「當有客人來訪時，在客廳能有個可以把狗狗帶進去的小園地」。H先生的要求是「不想用類似柵欄那種格柵，希望是可以自由拆卸，而不是得裝死在地面的，不想讓空間看起來很狹隘」。對於這點，愛犬家住宅專員－持田先生的建議是，在原有的地板上做一個鋪有磁磚的平台，再用透明的聚碳酸酯圍板把這個範圍圍起來。一開始狗狗們進到裡面的時候，感覺還有些緊張，但現在已經完全愛上這個寬敞又舒適的專屬小天地，很放鬆地在裡面享受生活。

比原本的地板再作高一階，
更能清楚看到愛犬們在裡頭的狀況。

在不鏽鋼層架下方設置廁所

櫥櫃下方是狗狗用餐&喝水的地方

上層是收納，下層則是愛犬的廁所以及用餐的地方。簡單DIY就能大變身！

在此向各位讀者介紹熊谷小姐和愛犬們在生活當中找到的DIY靈感。首先是狗狗們的廁所。以前尿尿不是常濺到腳，就是常尿在尿布和衛生紙外面……。因此，在不鏽鋼層架下面圍上兩片柵欄，再用束線帶固定，打造成狗狗的廁所。擋在前面的分隔板除了用來區分廁所的範圍，也可防止尿尿逆流。廁所上方的空間則可以收納狗狗的尿布、除臭噴霧劑、狗狗服飾、棉被和毛巾等。不僅廁所變得乾淨又清爽、好用度絕佳，連收納空間也變大了，實在令人感到很滿意。接下來是用餐＆喝水的空間。狗狗們用餐的地方是在廚房的角落。至今為止，把放在地上的碗踢翻是常有的事。因此，我們把櫥櫃下層的抽屜拿出來，當作狗狗用餐和喝水的地方。由於深度很深，因此裡頭的空間可以用於收納，前面的空間可以放置狗狗的餐碗。如此一來，廚房地板不用再放東西，也不會再發生把水碗踢翻的事情了。

Puku（波斯頓梗）

Mocya（拳師犬）

A&Y宅
N宅
愛犬家住宅
專員：
岩本 喜代子

A&Y宅。翻新地板鍍膜和裝潢家具。

在客廳設置一個愛犬專屬的小天地和小壁櫥
美觀的廚房小門欄與實用機能性

與三隻玩具貴賓犬同住的A&Y宅大廈，為了能與愛犬的生活過得更加舒適，我們翻新了地板的鍍膜和裝潢的家具。至今為止，狗狗尿尿的痕跡和臭味很令人困擾，自從將地板重新鍍膜以後，只要輕輕一擦就能清潔乾淨。以前狗狗跳下地板時，因為地板太滑了，導致著地的姿勢很差，現在地板重新鍍膜後，就變得不易打滑了。另外，也幫位於客廳的裝潢家具加上了柵欄，成為狗狗的小天地，上面則是小櫥櫃。

另一方面，和吉娃娃同住的N宅大廈，則是幫系統廚房裝設一個柵門。至今為止，都是使用大賣場賣的便宜柵門，但真的很不好用。對現在這個新作好的柵門滿意多了。

N宅。裝設了符合廚房調性的柵門。

每日的飲食是愛犬健康與幸福的關鍵！

適合狗狗的飲食，幫助維持理想體型

狗狗和人一樣，想要健康地成長，飲食是非常重要的關鍵。狗狗的餐點可以大大劃分成兩個部分。一種是市售的狗乾糧，另一種是飼主親手製作的手作鮮食。然而，不管哪一種，都必須注意營養和水分。狗狗無法自己控制飲食，因此必須針對各種不同的狗狗給予適合的食物。必須注意狗狗是否過胖或過瘦。理想體型的標準是，稍微透過皮下脂肪，可以摸得到隆起的肋骨或骨頭，並且擁有穠纖合度的腰身。

轉換新乾糧時

當您想要轉換新乾糧時，切勿一次就全部換掉，而是要慢慢地轉換。剛開始的比例是9：1，再來是8：2、7：3，讓新乾糧比舊乾糧一次比一次更多一點點。轉換期間要觀察狗狗的便便，如果便便正常，就可以慢慢增加新乾糧的份量。如果狗狗的便便變得太軟，請再回到上一階段的比例。不能因為狗狗不吃乾糧，就時常變換乾糧的種類，這不管是對健康或教養上來講，都不是很好的方式。另外，如果因為狗狗不吃乾糧，就只給予牠喜歡的食物，就會造成狗狗偏食。

選擇適合狗狗年齡的乾糧

隨著年齡的增長，所需要的營養素也會不同。當狗狗還是幼犬的時候，必須給予狗狗充分的蛋白質，因此要挑選營養價值高的優質乾糧。若幼犬時期營養不良、長期拉肚子，就會加速狗狗身體的老化，請務必多加注意。當狗狗年齡到達7～8歲以上時，運動量等相對減少，就必須把成犬乾糧換成高齡犬專用的乾糧。市面上有販賣符合各階段年齡層、營養均衡的狗乾糧，飼主可以配合狗狗生涯中各個年齡階段選擇所需的狗乾糧，給予狗狗營養均衡的飲食，維護狗狗的健康。

手作鮮食的注意事項

對於手作鮮食，在食材比例和調理方式上有著許多不同的見解。不過，不論是何種方式，都必須著重在營養是否均衡，以及份量是否適合狗狗。狗狗一天所需的熱量，會因著狗狗的體型大小、年齡、是否懷孕、哺乳時期和運動量而有所不同。因此，必須用心觀察狗狗的狀態（體重的變化、身體狀況、皮膚和糞便的狀態）來判斷狗狗是否適合吃鮮食。除了絕對不能給狗狗吃的食物（請參考右邊「絕對不能給狗狗吃的食物」）以外，每隻狗狗都可能還會有不適合吃的東西。另外，狗狗和人不一樣，並不是用牙齒磨碎食物後吞嚥，只要是吞得下去的，就會整個吞下去。飼主必須多用點心把食材切小塊一點，特別是蔬菜等富含膳食纖維的食材，由於不好消化，因此必須切碎，才不會造成胃的負擔。如果便便比吃乾狗糧的時候排得還要少，就要特別注意。

絕對不能給狗狗吃的食物

蔥類（洋蔥、韭菜、大蒜等）
蔥類食物會破壞狗狗的紅血球，而且會中毒。

巧克力類
所含的成分會讓狗狗中毒。

加熱過的雞骨頭和魚骨頭
裂開的骨頭可能會傷到消化器官。

蝦子、烏賊、章魚、貝類
這類食材不好消化，會引起消化不良。

牛奶
可能會造成狗狗腹瀉。

生蛋白
可能會引起皮膚炎和結膜炎。不過，只要把蛋白或全蛋煮熟就沒問題了。

葡萄乾、葡萄
所含的成分會讓狗狗中毒。

香辛料
太刺激腸胃，可能會造成狗狗腹瀉。

含有大量糖分和鹽分的食物
過多的鹽分會對狗狗的腎臟和心臟造成負擔。糖分則是造成肥胖的主因。

簡單手作鮮食

手作鮮食的好處是什麼呢？首先，飼主可以親自確認食材，並且挑選當季的食材。而且，還可以配合狗狗的身體狀況作調整。可是，手作鮮食很麻煩吧？ 不會，沒有這回事兒。在此介紹簡單並且能夠加深您與狗狗之間羈絆的「簡單手作鮮食」。

春旬高麗菜加雞肉的馬鈴薯沙拉

【材料】

（體重10kg的狗狗一天所需的份量）

高麗菜…… 20g

四季豆…… 20g

馬鈴薯……150g

雞絞肉……100g

水煮蛋…… 1個

紅蘿蔔（磨成泥）…… 1小匙

沙拉油…… 少許（也可以不用）

【做法】

❶將高麗菜和四季豆切碎後，稍微水煮一下。

❷將馬鈴薯確實清洗乾淨，接著連皮切成適當的大小，煮熟後再搗碎。

❸水煮雞絞肉。

❹將沙拉油淋在所有食材上，並將步驟①～③的食材混合攪拌均勻，然後再把水煮蛋切成適當的大小擺上去。

❺最後將紅蘿蔔磨成泥，當作配料即可。

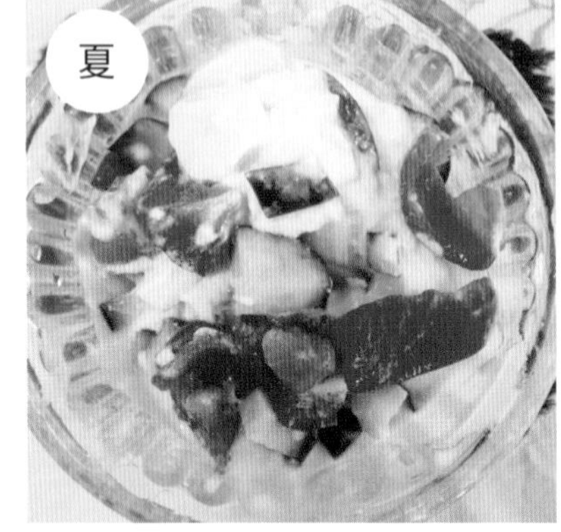

優酪乳豆腐沙拉

【材料】

（體重10kg的狗狗一天所需的份量）

無糖原味優酪乳…… 50g

嫩豆腐…… 50g

番茄…… 40g

小黃瓜…… 20g

【做法】

❶將小黃瓜切成1cm小丁，番茄去皮去籽，也切成1cm小丁。

❷用手將嫩豆腐擰碎，再和優酪乳混合攪拌均勻。

❸最後再把步驟②的食材加進步驟①裡拌勻即可。

※飼主要吃的話，可以加點葡萄乾、加州梅乾和香蕉，然後再加進蜂蜜拌在一起，就變成了一道美顏鮮食。

使用秋季食材的烏龍湯麵

【材料】

（體重5kg的狗狗一天所需的份量）

地瓜……30g

豬肉……150g

鴻禧菇……20g

烏龍麵……30g

紅蘿蔔、高麗菜、青江菜……80g

雞蛋……1個

【做法】

❶將蔬菜和雞肉切碎成一口大小，地瓜稍微水煮一下。

❷把切碎的蔬菜和雞肉放進剛剛煮地瓜的水裡，再蓋上鍋蓋水煮。

❸待食材煮軟後，放進烏龍麵和雞蛋（僅蛋黃），然後再把它煮滾後就完成了。放涼後就可以開動囉！

口感鬆軟的戚風蛋糕

【材料】

（戚風蛋糕造型12cm）

低筋麵粉……30g

泡打粉……少許

黃豆粉……2小匙

蛋黃……1個

蛋白……2個

砂糖……2小匙

沙拉油……2小匙

水……1大匙

【做法】

❶將低筋麵粉、泡打粉和黃豆粉混合在一起，然後過篩。

❷將蛋黃和砂糖放進調理碗中，接著用打蛋器攪拌至顏色變白，再加入沙拉油和水繼續攪拌。

❸將過篩好的粉類再次過篩進步驟②裡，並充分攪拌至粉類確實混合均勻為止。

❹將蛋白放進調理碗中，並將蛋白打到乾性發泡。

❺將½蛋白霜加進步驟③中，再用打蛋器混合攪拌。

❻在還剩下½蛋白霜的調理碗中加入步驟⑤，再用切的方式做攪拌，不要弄破泡泡。

❼將步驟⑥的麵糊從高處倒入模具中。

❽把模具放在桌上，然後輕輕拍打桌子2～3次，藉此把空氣排出，再放進預熱至170℃的烤箱中。

❾烤好之後再倒放待涼即可。

愛犬平時的保養

梳毛

梳毛是每天重要的功課。梳毛不僅可以促進新陳代謝，還可以梳掉狗狗的廢毛，請用梳子或梳毛刷輕輕地幫狗狗梳理，幫助清除廢毛。此外，療癒狗狗身體的梳毛護理，也是飼主和狗之間肢體接觸的重要時光。

洗澡

根據犬種和毛質的差異，以及平時生活的狀態，每隻狗狗洗澡的次數會有所不同，一般而言，大約是1個月洗1～2次。狗狗的肌膚比人還要脆弱，因此必須選用對肌膚溫和的沐浴乳。洗澡的時候以手揉洗為原則，之後必須再用蓮蓬頭確實沖洗乾淨。若沒沖洗乾淨，就會造成產生皮屑和搔癢的問題。使用吹風機時，要離狗狗的身體大約30～40cm，並將毛的根部與靠近肌膚的地方吹乾。

剪指甲

狗狗的指甲會長長。太長的話，可用市售的專用指甲剪幫狗狗小心地一根一根剪短。狗狗的指甲裡面有血管和神經，因此要從尖端一點一滴慢慢修剪，注意不要剪到血管和神經。白色的指甲可以清楚看到裡面的血管，但黑色指甲的話就看不到了，因此必須多加注意，不要剪過頭了。

清理耳朵

狗狗的耳朵裡面會沉積耳垢和灰塵。如果放著不管，不僅耳朵會越來越臭，可能還會得外耳炎，因此必須定期幫狗狗清理耳朵。利用脫脂棉或棉花棒溫柔地將耳朵的髒污擦拭掉，請勿用力刮搔。此外，若棉棒乾乾的可能會傷到耳朵，因此，請沾取少量清潔劑，讓棉棒濕濕地再幫狗狗清理。

牙齒清潔

狗狗的牙齒容易產生牙結石。牙結石則是造成牙周病的主因。因此，請幫狗狗刷牙，避免牙結石沉積過多。關於刷牙的方法，可以用紗布捲在手指上擦拭狗狗的牙齒，或者購買市售的兒童牙刷幫狗狗刷牙也可以。只是，不需要跟人一樣使用牙膏。只要沾水或溫水慢慢地、仔細地替狗狗刷牙即可。最近市面上也開始販售狗狗專用的牙刷了。

Housing design to live with dogs by architect

Y宅

設計：
筒井 紀博

2樓LD。挑高天花板。從採光窗戶照射進來的陽光，
不管對人還是對狗狗而言，都能幫助擴展舒適空間。

玩美生活。打造一個不論是人或狗，都能幸福生活的家

Y宅主人對家的期望是：「我希望我們家除了用來居住以外，也是一個人與狗狗都能開心遊玩的地方」。首先，從玄關進來後，可以爬樓梯到二樓的客廳。這裡放著許多來自峇里島或印度的家具和日常用品，讓人彷彿來到既寬敞又擁有開放感的亞洲風情度假村。大大敞開的窗戶是摺疊式，因此可以整個全部打開，從窗戶這裡的甲板接連出去的，即是外面的露天陽台。此外，來到朝著天花板延伸上去的樓梯狀家具，可以從這樓梯盡頭處窺見頂樓的平台。透過採光窗戶仰望天空，陽光也能灑落進來。踏上頂樓，以寬闊天空和綠意盎然的公園作為背景，造有木頭甲板空間以及30cm深的淺水池。這裡也是狗狗最喜歡的玩水場所。另外，後院裡還設有狗狗專用的浴池。不但夏天的時候可以在這裡玩水，平時散步回家用來洗腳也相當方便。狗狗可以從後院出來後，繞過房子直接從玄關的樓梯奔上二樓的客廳，再從裏頭的樓梯跑下後門，這樣就可繞房屋內外一圈。Y宅整棟房屋都能當作放鬆休息和快樂玩耍的空間。不管是對人還是對狗狗而言，都能在此過著豐富、快樂的生活，是一棟超棒的住宅。

Sunny
（拉不拉多犬•媽媽•12歲）

Barantan
（拉不拉多犬•兒子•9歲）

Family members

夫妻＋狗狗2隻（拉不拉多犬）

擁有開放感，彷彿來到亞洲風情渡假村的LD。裡頭有個天花板較矮的空間是作為工作室使用。

把LD的窗戶全部打開，就成為一個接續到露天陽台的一體空間

可以從露天陽台眺望充滿綠意盎然的森林公園

狗狗是在廚房用餐。地板是採用軟木材質。

在LD的沙發上放鬆休息的愛犬

從玄關綿延至二樓LD的樓梯

打開樓梯上方腳踏的地方，裡頭可以作為收納空間

浴室地板嵌入圓形的按摩浴缸

浴室外面緊鄰的是位於後院的狗狗浴池。

屋頂上的水池原本預定要養蓮花，但如今已成了狗狗們最喜歡的玩水場所。

M宅

設計：
筒井 紀博

位於郊區的透天厝，擁有富饒的大自然，在此與愛犬快樂地生活

M宅建於綠意盎然的郊外，房屋彷彿整個融入周圍的景觀。如同以前的民宅一般，充滿溫暖人情味的住宅。有趣的是，M宅沒有一般家庭都有的玄關。從木頭甲板處進來，通過鞋櫃，直接就可進到一樓的LDK。不管是人和狗狗，都能自然地從屋外進到屋內。一樓的LDK採用錯層設計，一、二樓則是打通天花板的構造，此外，除了浴室、廁所和寢室之外，全都沒有門。由於整個家都是綿延不斷的空間，因此才可以隨時感受到愛犬的情況。雖然整個家是打造成一體化的空間，但狗狗能自由活動的範圍只限定在一樓。樓梯是會讓狗狗感到害怕的鏤空旋轉樓梯，因此狗狗無法自由地爬上二樓。LDK的地板是易於保養的軟木材質，它能減少對狗狗的腳與腰的負擔。飯廳裡，我們利用二樓客廳拉高的地板下方空間作為狗狗專屬的小天地。M宅的中心處有一個柴火爐，冬天的時候，溫暖的空氣會盤旋在打通的天花板上，讓整個家都溫暖起來。M宅是一棟被舒適的溫度所包圍，讓人和狗狗都能聚集在一起生活的住宅。

Family members

夫妻＋小孩3人＋狗狗2隻（蝴蝶犬）

Happy
（蝴蝶犬・女生・5歲）

弓之助
（蝴蝶犬・男生・3歲）

利用拉高的地板之高低落差，設置一個狗狗的專屬空間

天花板打通的LDK有一個柴火爐

利用可以阻斷視線的柵欄所圍起的狗狗散步場所

狗狗可以從木頭甲板自由出入客廳

即使沒有大庭院，也可以擁有狗狗散步場所

即使沒有寬廣的庭院，也可以繞著房子外圍走一圈，當作是狗狗的散步場所。請注意不要讓狗狗飛奔出外圍，也要留意是否有危險的東西，另外，也必須考慮到地面的材質會不會傷害狗狗的腳。如果愛犬可以自由地進出室內室外，那麼可以玩樂的空間就變得更大了。

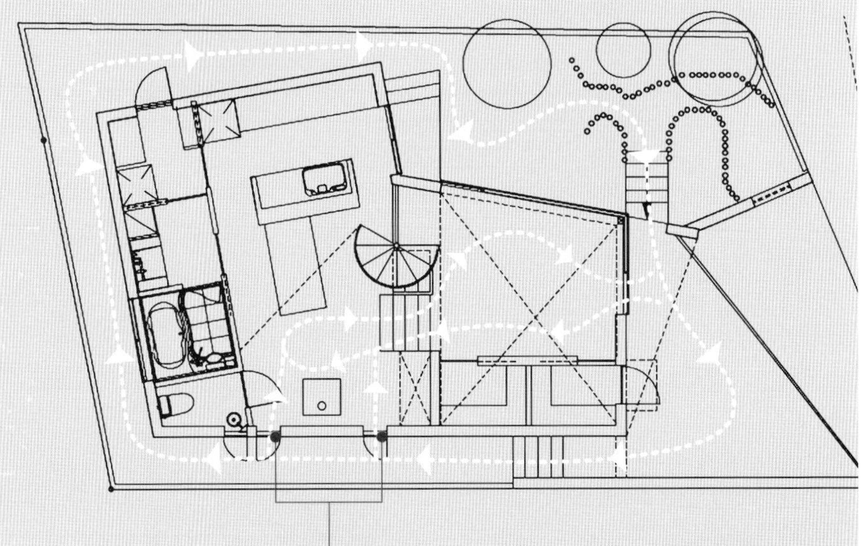

愛犬專用的出入口，連結LDK和庭院

M宅是把房子外圍當作狗狗的散步場所，因此，狗狗可以安全、悠哉地生活在這個環境裡。地面外圍全部都用柵欄圍起來，狗狗們就不會飛奔到外面。從客廳前方的木頭甲板處，沿著外面的樓梯走下去，可以繞著房子走一圈，然後再從木頭甲板處回到客廳裡。接著可以再到鋪有軟木地板的客廳跑一圈，然後再跑出屋外。柴火爐後方的牆壁有一個窗戶，狗狗可以直接穿過這個窗戶來到屋外的散步場所。狗狗可以自由地進出屋內屋外，自然地和房屋融為一體，享受繞著房屋外圍奔跑的樂趣。

我們去散步吧！

散步的好處與功效

【運動】

適度的運動可以促進新陳代謝、維持身體的健康，也能避免過度肥胖以及讓毛皮生長得更漂亮。此外，可以幫助狗狗釋放壓力，精神上也會比較穩定。

【曬太陽】

曬曬太陽可以讓心情變好，狗狗和人一樣，藉由曬太陽可以在體內合成維生素D，也能促進鈣質的吸收力。

【感受室外氣溫】

讓狗狗實際感受季節的變化，逐漸習慣後，身體會變得比較耐寒耐熱。另外，也能幫助一年兩次的換毛能確實進行。

【聞氣味】

狗狗是嗅覺非常發達的動物。藉由聞氣味，可以獲得各式各樣的情報。

【社會化】

走到外面的世界接受各種刺激、累積經驗，在人類社會學習各種新事物的同時，也作為家犬茁壯成長。

【與飼主之間的交流】

在外面的世界可以得到在家中無法體會到的刺激和經驗。跟著飼主一個一個地學習、克服，這就是和飼主之間最美好的溝通。

散步的注意事項

【適合每隻狗狗的運動量】

狗狗要是太開心，就無法自己控制運動量。因此，飼主必須考慮到每隻狗狗的品種、年齡和體型，並且配合當時狗狗的身體狀況，調整狗狗的運動量。

【腳踏自然的泥土和草皮】

在散步行程中加入以上兩個項目，可以減輕對關節的負擔，也可刺激按摩腳掌的肉球。反之，要是在堅硬的地面跑或跳，則會帶給關節過多的負擔，請務必注意。

【上下斜坡】

慢慢地上坡或下坡，可以幫助增強肌力，不過，體格較貧弱的狗狗、腳和腰較虛弱的高齡犬、身體長但腳短的狗狗和過胖的狗狗，對於以上有這些特質的狗狗，請留意不要對牠們造成太大的負擔。

【散步的時間或行程】

請配合飼主方便的時間和季節來規劃。可以不用總是固定一種模式。

【吃飯與散步】

吃完飯後去散步，有可能會造成嘔吐，並且妨礙消化。此外，還可能引發「胃扭轉」這種恐怖的症狀，實在太危險了。飯後兩小時內請勿做激烈的運動或散步。

【運動後放鬆】

在散步行程進行到後半段或快結束時，為了讓處於開心、亢奮狀態的狗狗冷靜下來，請幫牠做運動後的放鬆。可以休息一下，並與狗狗講話，好好地摸摸牠，幫牠按摩等……。散步結束的時候，若能充分享受和飼主的交流時光，更可提高散步或玩耍的滿足感。

【預防萬一的準備】

萬一狗狗不慎走失也不驚慌，請務必幫狗狗打晶片，並掛好狗狗的身分證名牌或寫有飼主聯絡資訊的吊牌。

還有其他許多好處

和狗狗一起散步對飼主本身也有好處。除了可以維持健康，平時只會快速走過的地方，這時

可以好好地感受其季節的變化以及欣賞周邊的景色。另外，還能看到狗狗平常看不到的一面，以及發現令人意想不到的性格。

藉由每天散步時與別人打招呼，可以結交到一同散步的朋友，拓展近鄰的人際關係。這樣想的話，即使是在下雨天或寒冷的冬天散步，也一定會遇到好事。來吧！今天也請充滿活力地帶著狗狗去散步吧！或許今天就會有美好的邂逅與新發現喔！

狗狗的便便要帶回家

以前有個公園可以帶狗狗一起進去玩，後來，過了一陣子之後再去，卻看到立了一個告示牌上面寫著：「禁止狗狗進入」。我想在這座公園裡，地上可能遺留了許多狗狗的大便，才會被鄰近的居民投訴。結果現在狗狗不能進公園玩了，真的很令人感到落寞。我們身為飼主能做的，就是確實地把狗狗的便便帶回家。處理狗狗便便最簡單的方式是，在便便落地之前，先用紙張或袋子接住，再帶回去沖進自家馬桶。如果覺得這樣太難，那撿拾便便的時候，要把碎砂石或垃圾挑掉，再用衛生紙包好，一樣帶回家沖進自家馬桶，如果狗狗排的是軟便，為了不讓軟便殘留在地上，記得要用水再沖刷過。

※注：請依照各縣市規定的方式，處理狗狗的屎尿。

特別留意尿尿問題

請注意不要讓狗狗在商店街或住家的玄關前面尿尿。原本理想中的模式是，讓狗狗先在家裡上過廁所之後，再帶出去散步。但如果是只能在外面解決或者一定會想在外面做記號的狗狗，該如何選擇適當的場所，就是飼主的重責大任了。雖然犬種上可能會有所差別，不過，當狗狗跑步或坐著的時候，就比較不容易排尿。請飼主陪著狗狗一起從自家散步到可以解尿的地點為止吧！散步途中若遇到紅綠燈，

不得不停下來的時候，請讓狗狗坐著等待。等來到可以解尿的地點時，再對狗狗說：「尿尿、尿尿」，藉此催尿，如果狗狗聽懂因此順利排尿，就可以給予獎勵。透過重複這樣的模式幾次後，狗狗就會養成習慣，之後什麼都不用說，狗狗自然就會忍耐到可以解尿的地點再排尿。即使狗狗已經養成定點排尿的好習慣了，也要繼續給予獎勵喔！如果狗狗尿在水泥道路或電線桿，禮貌上必須要用水沖掉，或者噴上除臭噴霧劑。因為只要有一隻先尿了，後來的狗狗也會想尿上去，為了防止這種情形發生，以上兩種方式非常好用。

散步時記得要繫上牽繩

有些飼主希望自己的狗狗可以自由不受拘束地奔跑，因此散步時不給狗狗繫牽繩。不過，不論體型多小隻的狗狗，或者個性多膽小的狗狗，對於怕狗的人來說，還是會覺得很恐怖。沒有繫上牽繩、跟在飼主身邊的狗狗跑過來時，會擔心自己會不會被狗狗吠或被狗狗咬。為了避免給他人增添不必要的困擾，還是請替狗狗繫上牽繩吧！此外。也請務必記住牽繩是狗狗的保命符。要是路上突然衝出一台摩托車、從眼前飛過一隻貓或者小朋友嬉鬧的聲音等嚇到狗狗，這種意想不到之突如其來的狀況，都有可能造成狗狗失常亂竄。為了避免狗狗遭遇車禍或陷入麻煩的處境，散步時請幫狗狗繫上牽繩。

2樓客廳的採光來自天窗。讓狗狗以樓梯為中心，繞著客廳與DK跑來跑去。

樓梯旁的牆壁，
部分採用透明玻璃或聚碳酸酯板造成，
不阻擋光源，也能瞧見狗狗的樣子，令人安心。

封閉面對鄰宅的窗戶，轉向中庭敞開，阻斷外界的視線，與自然接軌

N宅蓋在被四周房屋包圍的旗竿地*上，一、二樓面向中庭的窗戶大大地敞開，而面向周圍其他住家的則關閉。此外，設置天窗的好處是可以阻斷外圍的視線，卻又能讓自然光照射到室內。中庭內是狗狗安全的遊戲場所，而玄關門前的長凳內部，藏有一組水龍頭，讓狗狗可以在這裡洗腳。客廳位於二樓。有斜度的天花板構成有立體感的內部小屋空間（閣樓），此外，白色牆壁和玻璃牆面配上從天窗照射進來的光影，成為明亮又具開放感的空間。狗狗大部分的時間都在一樓度過。面向中庭的藝術創作室內有個樓梯可以直通寢室，成為狗狗可以自由來回奔跑的空間。寢室和樓梯下面也有一個狗狗專屬的小天地。一樓的地板和中庭一樣，同屬水泥砂漿材質。讓室內和室外自然連成一氣。水泥砂漿材質的地板，不用擔心損傷或髒汙，由於還設置了溫水地板暖氣，因此冬天到了暖呼呼、夏天到了清涼又舒適。帶有流行現代感、如同店家空間的N宅，不管人或狗狗都能在此過著最自然且自由又舒適的生活。

Family members

夫妻+2隻狗狗（巴哥犬）

Oden
（巴哥犬•女生•3歲）

Potofu
（巴哥犬•女生•2歲）

* 旗竿地是指建地四周都有房屋圍繞，而從建地延伸出來通往外面馬路的狹小走道，俯瞰之下像一面立旗，故有此稱。

水泥砂漿地板＋溫水地板暖氣的寢室。寢室是「oden」專屬的區域，以及放置狗狗日常用品的地方。

樓梯的出入口處設有壓克力材質的圍門。

鏤空的樓梯底下是「Potofu」的專屬空間。

室內的藝術創作室和室外的中庭中間隔了一個大型玻璃窗戶。即使待在室內也能瞧見狗狗在中庭玩耍的情景。

中庭。採光又通風，也可保護隱私。

長凳內部有一組水龍頭設備。

浴室裡，自然光源從窗戶灑落，可以在此幫狗狗洗澡、用毛巾把毛擦乾或修毛做造型。

迎接狗狗成為我們的家人

如何找到狗狗？

能夠找到狗狗的方式相當多，像是送養會、收容所的網站、寵物店或者可以向專業繁殖人員、鄰居或朋友詢問有沒有狗狗。可以先想想自己想要養的是幼犬，還是成犬。幼犬雖然稚嫩又可愛，但像排泄等問題，需要教導的事項還有非常多，必須很花心力。因此，想養幼犬必須有足夠的時間以及刻苦耐勞的決心。成犬的話，由於飼養前就已經了解狗狗的體型大小和性格，只要用心愛牠，狗狗一定會成為你心中無法取代的動物伴侶。

飼養前請三思

全家人必須一起思考，將來想要給狗狗過什麼樣的生活。例如：每天都要帶牠去散步嗎？要一起在公園裡奔跑嗎？要跟牠玩飛盤或丟球嗎？要帶牠去野外露營嗎？想跟牠一起在陽光底下曬太陽嗎？想帶牠去狗狗咖啡廳悠閒地喝茶嗎？……等。根據每個人不同的生活習慣以及對未來的理想藍圖，所選擇的犬種也會隨之不同。請認真思考自己的性格和運動能力，尋找一隻可以在人生路上互相陪伴扶持的狗狗吧！

準備狗狗的生活用品

【狗狗的專屬空間】

請準備一個可以讓狗狗安心待在裡面的小天地。例如床或是特定的小空間。設置的場所可以選在飼主一眼就可以看見的客廳前端。請選一個不會直接曬到太陽過熱，但也不會冷的地方吧！

【吃飯或喝水的容器】

請依照深度、大小、材質、適合狗狗使用的尺寸或者飼主本身的喜好來挑選。如果您的狗狗是耳朵較長的狗狗，可以挑選瘦長型的容器，這樣吃飯的時候耳朵會垂在容器外圍兩側，就

不會弄髒耳朵。

【地板尿布】

狗狗來到家裡的第一天，就必須開始訓練牠如何定點如廁。因此必須準備大量的地板尿布。直到狗狗學會定點如廁為止，需要一段很長的學習時間。只要狗狗學會如何固定在地板尿布上尿尿或便便，以後就算早上太忙沒時間管、不想帶狗狗出門或者天候不佳無法外出排泄時，都會很方便。

【項圈】

項圈請從較細且輕巧的種類開始練習戴。等真的要出門的時候，牠就會乖乖讓你配戴。另外，也請配合狗狗的體型來選擇合適的牽繩。

【衣服】

請從狗狗還小的時候就開始讓牠練習穿衣服。習慣之後，以後若遇到換毛時期、寒冷季節或想保護狗狗肌膚不被太陽光直射，都可以輕鬆幫狗狗著裝。此外，遭遇災害時，對狗狗也有保護作用。

【防走失姓名牌·晶片】

一定要幫狗狗戴上防走失的姓名牌。遭遇災害時，還能不能找得回來除了防走失姓名牌之外，有無施打晶片也是重要的關鍵。

T宅

設計：
石川 淳

洋溢著自然與祥和氛圍的2樓LD。白色的旋轉樓梯一上去即是頂樓陽台。

愛犬使用接近地板的空間，愛貓可以從上到下自在悠閒地活動

二代同堂的T宅，有著三角形的屋頂和白色的牆面。愛犬、愛貓和夫妻倆人（子女）住在二樓。洋溢著自然光的LD，地板材質是純淨的針葉樹類木材。雖然是柔軟易損傷的材質，但可以保護狗狗的腳，也不容易滑倒。由於室內設有地板暖氣，因此不論冬天或夏天都很舒適。LD黑色牆壁後面是廚房，再進到更裡面則是寢室。這兩個區域都設有圍柵，禁止狗狗進入。不過，狗狗還是擁有舒適又寬廣的LD活動空間，牆壁也設計了一個洞穴式的狗狗專屬小天地。沿著客廳牆面的書架，是貓咪專用的走道（cat walk）。從牆壁綿延到屋頂，再從屋頂內部的空間連接到隔壁的寢室。浴室位於一樓（與父母共用），二樓則設有淋浴間（狗狗在此洗澡）。在玄關處，設有拉門防止狗狗飛奔出去。而在玄關前方，有一處讓狗狗洗腳的地方。T宅是將一樓、二樓以及整個空間變得更立體，讓父母與子女、狗狗和貓咪都能順利地共享空間。這樣的空間設計可以一邊保持適當的距離，卻也能彼此聯絡感情，因此可以完全放鬆。這是一棟可以讓全家人都能以最自在的姿態舒服居住的住宅。

Family members

父母＋子女＋狗狗1隻（拉不拉多犬）＋貓咪一隻

Rubi（黑貓）

Fuku
（拉不拉多犬）

二樓LD。地板上是狗狗活動的範圍。而地板到屋頂內部則都是貓咪可自由活動的範圍。

牆壁上繞有一圈cat walk（裝飾書架）

寢室。如同狹隘的橋一般，橫越天花板的cat walk（天橋），連接著屋頂內部的空間。

牆壁內凹處放著運輸籠，成為狗狗專屬的小天地。

廚房和寢室的入口設有圍柵（黑色拉門）。

玄關。樓梯入口處設有防止狗狗飛奔出去的拉門。

玄關前面有一個給狗狗洗腳的地方。旁邊設有一張長凳。

請給狗狗一個可以安心休息的專屬空間

在全家人聚集的LDK裡，替狗狗設置一個可以讓牠在裡頭安心待著的專屬空間，如此一來，不但不會讓狗狗覺得寂寞，飼主能隨時察看狗狗的情況也會覺得很放心。狗狗專屬的空間不需要像人的空間一樣，有那麼高的天花板。可以利用樓梯下方的地盤，或者拉高的地板下面作為狗狗的專屬空間。而上面的地方可以用來收納東西，這樣就不會白白浪費掉空間。原本狗狗就是穴居動物，身處四周圍繞起來且狹小的空間裡，本能上就會冷靜下來，也可以說是感到安心。有許多方案可以打造狗狗專屬的空間，例如：弄一個像是洞穴的地方（可以在入口處設置圍柵，當作狗籠使用，有效控制狗狗的行動）、在室內一隅用門欄或圍欄圍起來或給狗狗一個專屬的房間等。地板和牆壁都要選用耐刮耐髒汙、且容易清理的材質。另外，也可以選用有除臭效果的建材，便能有效去除異味。

在拉高的地板下面，設置一個狗狗的專屬空間

在電視櫃下面，設置一個狗狗的專屬空間。

在牆面收納下方，設置一個狗狗的專屬空間

在牆壁內凹處放好運輸籠。

在樓梯下面，設置一個用圍欄圍起來的專屬空間。

①M宅 設計：筒井紀博　②T宅 AJC都築誠　③N宅 AJC二本柳龍太　④T宅 設計：石川淳　⑤N宅 設計：石川淳

在玄關附近有個洗腳腳的地方好方便

真希望玄關附近能有供水設備，當散步或外出回家的時候，就可以在此迅速把腳沖乾淨再進門。關於水龍頭的高度和水槽的深度大小，請配合狗狗的體型來安裝。若能供應溫水，還可以在此幫狗狗洗澡。水龍頭附近可以裝一個牽繩掛勾，用來掛東西或放東西都很方便。旁邊還可以設置一張長凳，飼主就可以坐在長凳上輕鬆幫狗狗清理。另外，這也是能讓洗完腳的狗狗不再弄髒、可以乾乾淨淨入內的設備。如果狗狗喜歡水，那就可以在洗腳的地方蓄水，作成類似游泳池或水池的樣子。狗狗要是可以在此戲水，不但可以洗掉髒汙，狗狗本身也會很開心。

①打開長凳的蓋子，裡頭設有一組水龍頭。

②水龍頭隔壁設有一張長凳。

③在連接玄關的空間裡，設有沖洗設備。

④專為愛玩水的狗狗設計的水池。

⑤玄關裡面設有沖洗設備。

⑥設置在涼亭的供水設備，附有淋浴功能。

①N宅 設計：石川淳 ②T宅 設計：石川淳 ③T宅 AJC鷹休大樹 ④Y宅 設計：筒井紀博 ⑤I宅 AJC池田千夏子 ⑥T宅 AJC都築誠

在玄關的樓梯前方設置一個聚碳酸酯門欄。狗狗可以搭電梯上下樓。

深度考量機能性和安全性
高尚不凡的唯美空間

住在N宅的狗狗是蘇俄牧羊犬和諾福克犬。鋪有磁磚的中庭，不僅是一處充滿開放感的室外空間，同時也顧慮到附近鄰居的感受並確實保護自家隱私。玄關的右邊有電梯和優美造型的旋轉樓梯。左邊則有犬舍和車庫。犬舍是預備給大型犬使用，是個連抽水馬桶（給小朋友專用）都有的2.4坪房間。不過，這是因為現在住在一起的蘇俄牧羊犬比原本預定的大型犬還要來得大隻，因此才在車庫旁邊增設這個犬舍。旋轉樓梯前方的聚碳酸酯門欄，是用來防止大型犬爬上樓梯。樓梯的扶手設計成像間距較小的格柵，這是為了預防小型犬墜落。位於二樓的LDK，其地板材質是選用防滑、耐磨且高防水性的純淨胡桃木地板。用玻璃牆面遮蔽起來的客廳外面，有個寬廣的陽台。另外，屋頂上的地板是以橡膠地墊鋪設而成，並將此做為狗狗的散步場所。可以搭乘室內的電梯上下樓，移動上非常通順。N宅具有高度的設計性，同時也深度考量到人與狗狗生活在此的機能性和安全性，是一棟高尚不凡的美麗住宅。

夫妻＋狗狗2隻（蘇俄牧羊犬、諾福克㹴犬）

Kirby
（蘇俄牧羊犬•男生•2歲半）

Ribbon
（諾福克㹴犬•女生•4個月）

寬敞的LDK。從廚房可以看到LDK全景，也能掌握狗狗的情形，讓人很放心。落地窗外面是遼闊的陽台。

玄關。圍門裡面是犬舍和車庫。

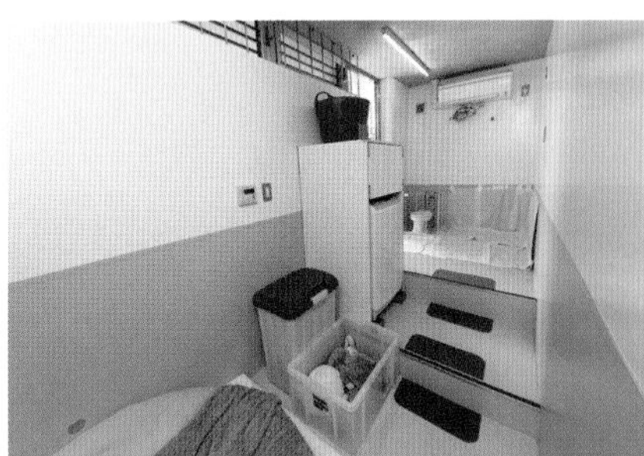

房屋落成時就有的犬舍。
附有可沖掉髒東西的兒童專用抽水馬桶、
狗狗專用洗衣機、收納箱以及空調等，相當完善的設備。

二樓的LDK和旋轉樓梯之間，設置了透明的玻璃門。

結合設計與功能的旋轉樓梯。牆面可收納物品。

頂樓陽台是狗狗的散步場所，鋪有橡膠地墊。

犬舍旁邊的車庫裡，也新增了一個犬舍。

鋪有磁磚的中庭。附有可供溫水的沖洗設備。

四周被建築物和水泥牆面包圍的中庭。可以在這個室外空間跟狗狗玩耍，而且不用顧慮附近鄰居的眼光。

開始和狗狗一起生活

狗狗來到家裡的第一天

對於飼主而言，迎接新成員來到家中的這一天，是個特別的日子。這對剛進門的狗狗來說，也是一樣的。狗狗會接觸跟以往不同的環境、不認識的人、不熟悉的氣味以及不一樣的氛圍，內心一定充滿驚嚇和不安。因此，除了必須溫柔迎接踏入新環境的狗狗之外，日期上，最好還是要選在較空閒的日子。等狗狗來到家裡之後，首先，請先讓狗狗盡情地四處聞聞氣味。花時間慢慢地讓狗狗聞到滿意為止。也要介紹每一位家人給狗狗認識。剛開始的一個月左右，都不要責備狗狗，也不要過於熱心教狗狗太多東西。在這期間，飼主要好好地觀察狗狗。狗狗的個性如何？對什麼東西有興趣？請把這段時間當作是彼此互相熟悉了解的時光。

練習上廁所

練習上廁所的要訣是：「絕對不可以罵狗狗」。若在狗狗做錯的時候罵牠，狗狗會誤以為是「我是因為排泄所以才被罵」，之後就會忍著不上廁所，而弄壞身體、或者偷偷排泄在隱密的地方。如此一來，就算狗狗順利排泄了也無法誇獎牠，永遠都無法教牠如何正確上廁所，這樣狗狗當然怎麼學都學不會。另外，在某種程度上，可以讓狗狗自行決定上廁所的地點，這也是幫助狗狗盡早學會的要訣。首先，飼主必須找到狗狗想上廁所的時間。看是早上睡醒立刻就想上廁所還是飯後、午睡起來會想上？又或者是玩耍之後才想上？如果狗狗開始不安分地來回在地板上聞來聞去，就是想上廁所的前兆。要在地板上鋪好上廁所用的尿布，然後對狗狗說：「尿尿、尿尿」。如果狗狗尿尿了，就要溫柔地誇獎牠。如此反覆操作，自然就會劃分出「經常排泄的地點」和「幾乎沒排泄過的地點」，這時，就可以把「幾乎沒排泄過的地點」的尿布收起來。如果狗狗看起來好像想在沒鋪尿布的地方排泄，那就要趕緊帶牠到有鋪尿布的地方，一樣對牠說：「尿尿」，並在尿布上誇獎牠。如此反覆操作，狗狗就會明白要在尿布上面排泄才會被誇獎，之後就會越做越好。

開始調教的時機

如果在初期就大量教狗狗一堆東西，而且還嚴厲地斥責狗狗，那在產生對飼主的愛與信任之前，就會滋生不信任感和恐懼，這樣就無法建立彼此互相信賴的關係。在狗狗尚未冷靜、安心地住在這個家之前，請盡量不要責備牠，而是要溫暖地守護牠。開始教導狗狗各種事項的最好時機，要從狗狗會跟在飼主屁股後面跑開始。到了這個階段，狗狗已經變得非常喜歡飼主了，因此，會想向飼主多多學習各種事項。和飼主一起進行各種訓練，是最令狗狗開心的溝通方式之一。

N宅

設計：
田邉 恵一

和緩的延伸台階
海風通暢的住宅

N宅的建地位於海邊附近的防風林區。住在這裡享受著衝浪樂趣的夫妻倆，家裡的地板配合著地面的高低起伏，時而拉高、時而降低。從玄關開始即為拉高的地板，接著沿著細長的走道直達LDK。就這樣一路通往屋外，外面則是充滿開放感的木頭甲板，然後地勢漸漸往下，銜接到中庭的草皮。「也曾經就這樣光著腳丫子從LDK走到外面喔！」。舒服的海風吹過N宅，居住在此可以深刻感受到與大自然的連結。此外，這也是一棟可以利用太陽能發電和雨水的環保綠住宅。LDK的地板是採用耐磨耐髒汙且不易打滑的軟木材質地板。狗狗們可以在寬廣的LDK自由地奔跑，偶爾還可以在坡度和緩的樓梯上面跑上跑下。飼主上樓後，可以設置圍門和柵欄，防止在二樓玩耍的小孩墜落，也能禁止狗狗跑到二樓。庭院裡，在被茂盛的防風林與建築物圍起來的空地上種植草皮，再用柵欄圍好，就成了狗狗的散步場所。從庭院可以直接走到浴室，浴室外的小空地，也設置了一個可供溫水的沖洗設備。N宅是一棟不管是大人、小孩和狗狗都能夠舒適地與大自然共存的住宅。

Family members

夫妻＋小孩1人＋狗狗3隻（吉娃娃）

Maharo
（吉娃娃•女生•7歲）

女兒naru
（吉娃娃•女生•5歲）

Rei
（吉娃娃•男生•6歲）

DK外面有寬闊的木頭甲板，在此狗狗的散步場所一覽無遺。

台階式木頭甲板。

有草皮覆蓋的狗狗散步場所，可以在此盡情地奔跑。

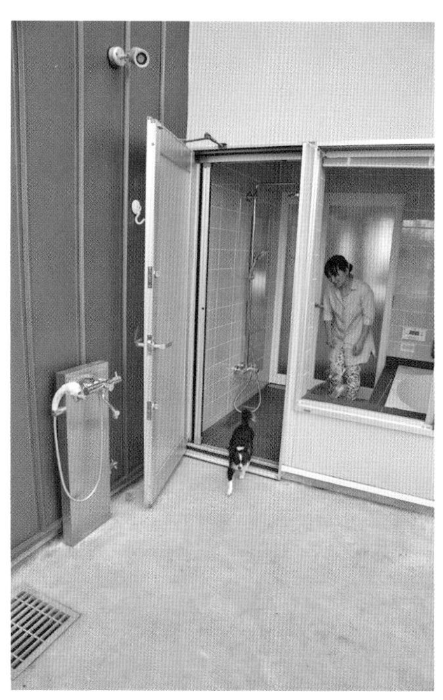

浴室入口處前面的小空地，設有可供溫水的沖洗設備。

從木頭甲板上面跳到有草皮覆蓋的狗狗散步場所。

可以從狗狗散步場所直接走到浴室裡面。

可以在此迅速沖洗狗狗身上的髒汙，再進到室內。

被茂盛的防風林與建築物包圍的庭院，加上柵欄後不僅可以防止狗狗飛奔出去，還能確保可以自由奔跑的範圍。

有草皮覆蓋的狗狗散步場所，四周連接著涼亭、浴室和車棚。

打造一個讓愛犬可以盡情玩耍、享受生活的庭院

和狗狗一起玩耍的庭院裡，可以設置柵欄或門防止狗狗飛奔出去。另外，盡量避免讓狗狗玩得太髒或受傷。如何打造一個乾淨、異味不殘留的環境是很重要的。地材必須挑選不會對狗狗的腰部、腿部造成負擔，並且易於保養的類型。即便沒有寬廣的庭院，也可以用柵欄把家（建築物）四周圍起來，當作狗狗的散步場所。而四面被建築物和牆壁圍起來的中庭，則可以不用顧慮附近鄰居的眼光，成為可以安心玩耍的室外空間。這種類型的庭院，最適合與狗狗一起共享。在庭院玩夠了之後，要是在室外能有個可以迅速沖洗掉髒污的供水設備，將會非常方便。另外，也要思考一下移動到浴室或盥洗室的動線。

①
鋪有保水力高以及高散熱磚塊的狗狗散步場所。

②
鋪有碎石和木屑地板的狗狗散步場所。

③
將住家周圍用柵欄圍起來，當作是狗狗的散步場所。

④
鋪有磁磚的中庭，狗狗要在此洗澡也相當方便。

①I宅 AJC池田千夏子　②N宅 AJC二本柳龍太　③Y宅 設計：筒井紀博　④N宅 設計：田邉惠一

T宅

設計：
田邉 惠一

LD外面寬敞的涼亭，
是一處被植物圍繞的休憩空間。
可以阻斷外來的視線，確實保護隱私。

穿過玻璃落地窗，外頭即是寬廣涼亭的LD，
從裡到外像是連成一體般的開放感，
採光也十分充足。

重視人所居住的空間設計
體貼我們的狗狗家人

建築師田邉惠一先生和既是工作夥伴、同時也是狗狗生活諮詢員的太太還有三隻愛犬共同生活在一起。一樓有可以玩車的車庫、工作場所、浴室和盥洗室。二樓則是以LD和涼亭為中心的生活空間。二樓LD的地板和外面的涼亭地板連接處毫無高低落差，透過高到天花板的玻璃落地窗，不僅可以照射到自然的太陽光，還能享受室外的光景。引人矚目的是，位於廚房的狗狗專用廁所。它設置在廚房和涼亭中間（站在廚房會有點看不到的位置），是不銹鋼材質的防水槽，再配上一個蓮蓬頭。此外，為了避免小型犬穿越，樓梯扶手下面還特別用釣魚線做成縫隙狹小的護網。不僅不會破壞設計感，還能顧慮到安全問題，實在是相當卓越的發想。當初要替田邉先生設計和狗狗一起生活的住宅時，心中特別留意的是，除了著重在給人使用的空間設計以外，也要打造出人與狗狗都能樂居於此的空間。不能單單只考慮到給狗狗的生活空間，卻犧牲掉人該享有的舒適感……。或許最重要的，是在於有沒有把狗狗當作是自己的家人般，懷有一顆單純為牠著想的心。

Family members

夫妻＋狗狗3隻（迷你臘腸犬、約克夏、平毛尋回犬）

Kairu
（平毛尋回犬•男生•5歲）

Ichimaru
（約克夏•男生•9歲）

Kuraru
（迷你臘腸犬•女生•13歲）

LD的地板是採用狗狗踩上去不易打滑的木地板

室內室外連成一體的寬敞空間，人和狗狗都能住得舒適

站在廚房也能瞧見狗狗在涼亭玩耍的身影

廚房和涼亭中間有個狗狗專用的廁所。
在此裝設不銹鋼材質的防水槽，再配上一個蓮蓬頭。
可以鋪上尿布，
髒污可用蓮蓬頭沖洗乾淨。
不管是大型犬或狗狗較多的家庭都適用。

可以先在浴室幫狗狗洗澡，再到盥洗室用毛巾幫狗狗擦乾

在洗衣間用吹風機把毛吹乾，弄髒的衣物順便丟進洗衣機。思考一下動線與機能性。

樓梯下面用魚線做成護網，防止墜落。

鋪有磁磚的寬敞玄關。
在室內和室外的中間設計一個像這樣的空間，
讓狗狗可以在此清除身上的髒汙，非常好用。

思考如何打造愛犬的廁所

要是順從狗狗的本能，讓屎尿弄髒住處的話，不但會讓敵人嗅出狗狗的居所，從衛生層面來看也不是一件好事，因此，排泄的地點必須遠離住處。為此，要將狗狗的廁所和睡覺的地方分開，依照狗狗的天性而言，這樣會讓狗狗比較感到放心。設置廁所的地點，要選在即使有客人來也不用在意、臭味也不會鬱結不散的地方。狗狗廁所的天花板，不需要跟人的天花板一樣高，因此可以利用上面的空間來收納。廁所環境的建材，要選用耐磨耐髒汙且易於清掃的材質。另外，也可以裝設循環扇、空氣清淨機或者考慮採用有除臭功能的建材，有效去除臭味。為了維護廁所的清潔與保養，除了規劃一處置放尿布和打掃用具的空間以外，也要考慮到把髒東西丟到某地點的動線。

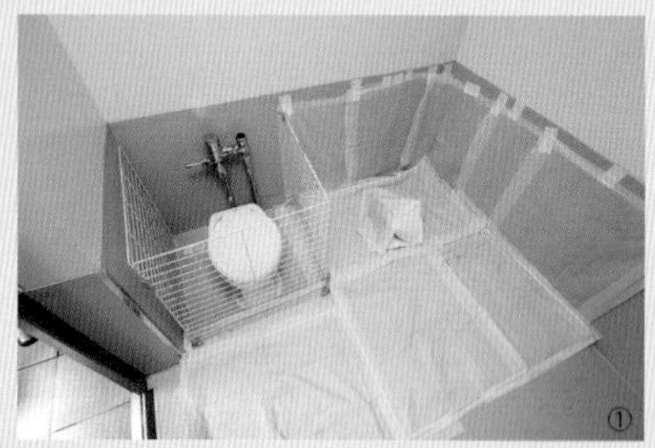
①
附設兒童專用的抽水馬桶，迅速沖走髒東西

②
結合電視櫃與廁所的客廳收納層櫃

③
設置不銹鋼材質的防水槽，並配有蓮蓬頭

④
將牆壁挖一個洞，作為上廁所的空間

①N宅　設計：田邉惠一　②M宅　AJC吉澤千嘉子　③T宅　設計：田邉惠一　④T宅　設計：前田敦

利用門欄掌控愛犬的行動

想要和狗狗和平共處一室，某種程度上必須控制狗狗的行動。高度及腰的圍門，不會完全切斷人與狗狗之間的關係，這個配件可以幫助我們即使和狗狗共處一室，也能劃分出彼此的活動範圍。設置圍門的地點是，恐怕會有墜落危險的樓梯、充滿危險的廚房、不希望狗狗進入的房間以及當有客人來訪時，狗狗不會直接飛奔出去的玄關或走廊。圍門的素材和開關門的方式，擁有許多不同的類型，除了考量狗狗的體型和個性以外，也要好好思考圍門的安全性與機能性。也可以使用幼兒專用的圍門，可以的話，請選擇不會破壞屋內整體感覺的圍門。留狗狗獨自看家的時候，雖然把牠關在狹小的空間有點可憐，但總比放任牠在外面自由活動、開心惡作劇後卻被罵還要來得好，因此還是為狗狗打造一個不會累積壓力的看家空間吧！

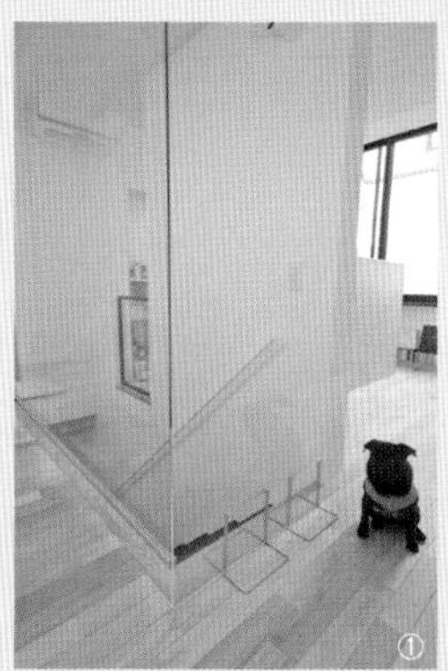
①

樓梯的出入口處設有壓克力材質的圍門。

②

廚房和寢室的入口處設有可滑動的圍門。

③

可單片推開的聚碳酸酯材質圍門。

④

玄關處設有可拉式屏風。

⑤

在廚房設有可雙開的圍門。

①N宅 設計：石川淳 ②T宅 設計：石川淳 ③N宅 設計：田邉惠一 ④I宅 AJC池田千夏子 ⑤T宅 AJC鷹休大樹

T宅

設計：
前田 敦

裝設在地板低處的細長型窗戶，是狗狗專用窗戶。狗狗可以透過細長型窗戶目送夫妻兩人外出或迎接他們歸來。

利用斜坡代替樓梯
家裡就是一個立體的散步場所

T宅是利用斜坡來代替會對狗狗的腰部、腿部造成負擔的樓梯。各為兩層樓的房屋中間，有一個中庭。這兩棟房屋的構造都是以0.5樓為一個單位，創造出四個樓面，再以斜坡接續起來。也就是說，踏上斜坡就會以0.5樓為單位逐漸往上移動，也能環繞整個房屋。踏進玄關後有個DK（飯廳廚房）（1.5樓），面向中庭處還設有寬敞的木頭甲板。而在中庭對面的是客廳（1樓）。客廳隔壁有可幫狗狗洗澡的盥洗室。在DK和客廳的牆面都設有狗狗專用的廁所。從DK的樓面順著斜坡往上爬，即是主臥室（2樓）。接著再繼續順著斜坡往上走，就會到達最頂層的客房和書房（2.5樓）。環繞整個家中的斜坡鋪有地毯，因此不用擔心打滑，也不會造成狗狗腰部、腿部的負擔。狗狗可以順著斜坡從一樓跑到最頂樓，把整個室內當作是散步場所跑來跑去。T宅的斜坡像是長廊般環繞，令人感到非常興奮。內部以斜坡構成的住宅，不管人或狗，都可以在平常的生活當中，勾織出豐富充實的時光。

Family members

夫妻＋狗狗2隻（玩具貴賓）

LEHUA
（玩具貴賓、女生、4歲）

LAPULE
（玩具貴賓、男生、5歲）

位於1.5樓的DK。左前方那個有斜度的白牆，就是斜坡處。

DK的牆壁設有狗狗專用的廁所。裡頭會鋪上尿布。

只要打開玄關的收納門就可以打掃狗狗的廁所。

DK前面、面向中庭有一個以木頭甲板搭造的露臺。

從中庭踏上露臺的斜坡進到DK內。

一樓的客廳。右邊的斜坡通往盥洗室。

客廳和盥洗室之間的門，下面設了一個狗狗用的小門。

盥洗室。可以幫狗狗在這裡洗澡。

連結著1樓客廳和1.5樓DK的斜坡。透過細長的柱子欣賞若隱若現的畫面也很有趣。

令人興奮的斜坡，每天都圍繞在我們的生活當中

上下樓梯或有高低落差的地方，會給腰部和腿部帶來負擔，累積久了會對身體造成傷害，還可能因此演變成重大疾病。因此，就讓我們使用斜坡來代替樓梯和有高低落差的地方吧！根據建築基準法規定，若想要使用斜坡代替樓梯的話，斜度不可超過1/8。T宅的斜坡勉強合乎不超過1/8的規定，從室內沿著外牆（室內部分）環繞房子一圈。對狗狗來說，這等於是一個可以繞著斜坡在家中跑來跑去的立體散步場所。斜坡鋪有地毯，因此不會對狗狗的腰部、腿部造成負擔。可以表現出速度感的條紋花樣也很吸睛！ 每一樓層的斜坡都有利用照明或窗戶增加變化，讓上下樓這件事變成是一件很快樂的事。如同長廊般的斜坡，對居住在此的人和狗狗來說，即便在平時的生活當中，也都能感受到令人興奮的氛圍。

③

②

①

①②從1.5樓的DK連結到主臥室的斜坡。 ③從2樓的主臥室連結到2.5樓客房與書房的斜坡。

只要在門和窗戶下功夫，就能跟愛犬住得更舒適

與狗狗同居的住宅當中，用來劃分空間的門也很值得一看。例如，只要把門作成上吊式軌道拉門的話，地板上就不會產生軌道的落差。如此一來，既不會絆到狗狗的腳，也不會堆積廢毛和髒汙，更是易於打掃。在廚房和LD中間或放置家電的空間中間裝設一道拉門，沒有要用廚房或放置家電的空間時，就把拉門拉起來，讓空間變得更清爽。也可防止狗狗惡作劇。室內與陽台或露臺的中間，採用可以整個打開的摺疊門或可以收進牆壁的紗門，就可以深深感受到整個空間與室外連成一體的開放感。位於門底下的狗狗專用小門，即使飼主把門關上了，狗狗還是可以穿過這個小門自由進出房間。另外，狗狗可以透過裝設在地板低處的細長型窗戶，目送飼主外出或迎接他們歸來。可以在窗戶就看到狗狗的臉，真是一項滋潤生活的開心設計。

①

②

只要把拉門拉上，整個廚房就被收在裡面，變得相當清爽。

⑤

設置在門底下的狗狗專用小門。

③

位於木頭甲板上的超高紗門，
是一種可以整個收進牆壁的拉門。

④

讓路過的行人可以摸摸狗狗的小窗戶。

⑥

裝設在地板低處的細長型窗戶，
是狗狗專用窗戶。

①②T宅　設計：石川淳　③⑤⑥T宅　設計：前田敦　④I宅　AJC 池田千夏子

位於中間區塊的涼亭或陽台，是可以盡情享受大自然的室內陽台

位於室內與室外中間區塊的涼亭或陽台，稱作室內陽台。室內陽台的地勢平坦，將室內、室外銜接起來，並採用摺疊門或可收進牆壁的拉門，提升空間的一體感。可以享受自然觸感的木頭甲板或易於保養的磁磚，都是讓狗狗不易滑倒、接縫處也不會害狗狗的腳或爪子絆到的素材。當然也考慮到了是否容易清掃的問題。用來防止狗狗飛奔出去、墜落和阻斷外面視線的柵欄，有木製、金屬圍網和玻璃屏風等各種類型。若有遮陽棚、下雨也不用怕的屋頂和水龍頭設備，會讓整個家變得更舒適。可看見遼闊天空的頂樓陽台，是個可以充分享受陽光和煦風的開放空間。也可以試試利用柵欄把房屋外圍圍起來，當作狗狗的散步場所。

①

客廳旁邊是室內涼亭，室內涼亭外面的是室外涼亭。

②

環繞著客廳的L型陽台。

③

用柵欄把頂樓陽台圍起來，成為狗狗的散步場所。

④

把木頭甲板整個圍起來，成為狗狗的遊戲場所。

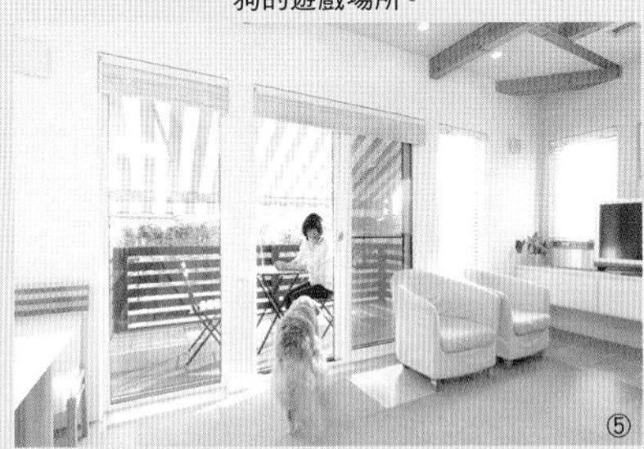
⑤

LDK外面的寬敞木頭甲板。附設遮陽棚。

①T宅 AJC都築誠　②③N宅 設計：田邊惠一　④M宅 設計：筒井紀博　⑤I宅 AJC池田千夏子

孕育出人與狗狗的幸福，狗狗花園

和愛犬共同享樂的庭園＝狗狗花園。它是個將人與狗狗的幸福具體呈現出來的庭園。讓狗狗感到舒適的庭園，對全家人而言也是個幸福的庭園。為了避免狗狗染上跳蚤和蟎蟲、玩得滿身泥巴，請建造木頭甲板、木頭柵欄、中庭和洗腳的場所等，配合各個家庭打造出適合的庭園。狗狗是利用腳掌的肉球踩地步行的動物，因此，地面該選用哪種材質相當重要。例如，水泥地太硬，夏天陽光反射會很熱，請多加注意。磚塊吸水性佳，可以抑制表面溫度急速上升。木頭甲板擁有適度的彈性，踩起來較舒適。木頭要選擇不易起毛邊的材質，以及注意

對狗狗無害的植物

德國洋甘菊

狗狗專用的沐浴乳也會用到此成分，是一種非常受歡迎且安全的香草。它對防蚤防蟎的效果也不錯。一踏入其中，香氣翩然散開。請種植在狗狗常去的地方，並且日照良好之處。

百里香

香氣宜人的香草，幫助除去狗狗生活當中所產生的臭味。如果種植在日照良好的地方，它會整個逐漸往旁邊蔓延生長，因此可以用來覆蓋剝落的地面。就算被踩在腳地下，也能繼續茁壯地成長。因此，即使種在狗狗常經過的地方也完全沒有問題。適合栽種的季節在初春。

迷迭香

香氣芬芳，人氣超高的香草。只是輕輕一碰，香氣就翩然散開，可以除去狗狗生活當中所產生的臭味。建議各位在初春時栽種，並且選在日照較良好的地方。迷迭香有枝幹下垂的類型，也有枝幹筆直往上生長的類型，請依照自家庭園的愛好來選擇。

普列薄荷

日本漢名寫做「目草薄荷」。英文叫做Pennyroyal，名稱的由來來自於英國貨幣「便士（penny）」。除了防蚤、防蟎之外，也對防蟻、防獨角仙有很強的效果。甚至還有飼主表示：「自從在庭院種了普列薄荷，不僅讓我家的狗狗可以隨意躺平，跳蚤和蟎蟲也變少了。」

山白竹

狗狗本身常吃的一種植物。用來排出毛球等幫助清空胃裡的東西。葉子可以做成健康茶飲用。以防蟲聞名的山白竹，自然也能維護狗狗身體的安全。除了日照充足的地方以外，也可種植在陰涼處。

燕麥

燕麥是一種可以紓解胃脹、火燒心的植物。狗狗吃了也沒問題。狗狗有時候會在散步途中吃草，之後再吐出來，這是為了排出胃裡的毛球，以便改善胃內環境。當作貓草販售的很多都是使用燕麥草。

接縫處不會卡到狗狗的指甲。草皮可說是最理想的素材，不過，也可能會因為狗狗的尿尿、陽光照射不足或劣化等原因，造成草皮枯死。因此，可選擇不用太照顧的人工草皮。該選用哪種地面素材，可以依據人光著腳丫子踏上去後是否感到舒適為標準。排水性能也是重要的條件。排水性能若不佳，不但會成為孕育害蟲的溫床，也會成為狗狗排尿後的臭味不易散去的原因。容易聚集濕氣的地方，可以鋪上排水性能佳的碎石，有效地排除濕氣。庭園裡的植物，有些具有除臭或除蟲的功能。不過，我們必須先了解對狗狗有害的植物有哪幾種。

對狗狗有害的植物

水仙花

彩飾早春的水仙花，令人憐愛的姿態深受人們的喜愛。不過，若種在庭園裡，會對來此的狗狗造成危險。水仙花的球根具有毒性，狗狗吃到的話，會引發嘔吐、血壓降低和腸胃炎等症狀。

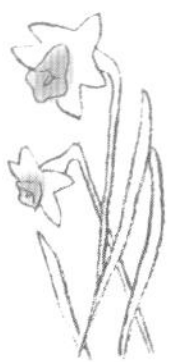

仙客來

超級受歡迎的觀賞用花卉。不過，其實它是有毒的植物。狗狗吃到的話，會引發腸胃炎、痙攣和神經麻痺等症狀，請務必多加注意。若有種植在屋內的盆栽，請一定要放在狗狗碰不到的地方。

沉丁香（瑞香）

擁有如同木頭沉香的芬芳香氣，又有像丁香一般的花瓣，因此被稱做「沉丁花」。

它的花與葉對狗狗來說具有毒性。可能會引發狗狗血便、流口水和嘔吐等症狀。

南天竹

經常作為庭園樹木而廣熟人知。其葉片是被稱作南天葉的生藥，擁有健胃、解熱、止咳的功效。不過，如果狗狗吃到南天竺的果實，可能會造成神經麻痺，請務必多加留意栽種的地點。

常春藤

健壯好養，當作室內外的觀賞植物很好用。不過，它的葉子和果實具有毒性，如果誤食，就會出現口乾、流口水等症狀。對皮膚的刺激性也很高。

日本紅豆杉

會對中樞神經帶來莫大的影響。還會引起顫抖、運動失調、呼吸困難、腸胃炎和心臟衰竭等症狀。

鬱金香

尤其球根的部分毒性最高。會引起腸胃炎、流口水、食慾不振、痙攣和心臟異常等症狀。

百合花

毒性很高，即使少量也能對腎臟帶來莫大的影響。百合科的植物通常球根都帶有毒性。

思考關於「終生飼養」的問題

在日本，有「愛護動物以及動物管理法」。這條法律規定「動物是有生命的」，飼主必須負起養育的責任。飼養動物＝保管動物的生命，請您在飼養前，再好好思考一下這個問題。

飼養前必須想清楚的事

別說是狗狗，不管要養什麼動物之前，都要認真思考自己是否真的可以養。如果結論是可以養，那麼，就開始著手準備飼養前該預備好的各種東西吧！想要飼養動物，首先必須要正確地了解該動物的習性和天性，並且要具備正確飼養的方式與覺悟。為了能讓動物好好地過完這一輩子，飼主直到最後一刻都要悉心考量動物的安全、健康和舒適的問題，做好以上心理準備後才可以開始飼養。

開始飼養

和我們一起走人生路的動物，在牠的生命歷程當中，有可能會發生各式各樣的突發狀況，這時，我們要虛心接納，並給牠永遠不變的愛。等到生命的最後一天到來，動物因為上了年紀而產生的各種問題，我們都要接受並且視情況幫助牠或靜靜地守護著牠。

【預防傳染病】

飼主必須擁有人畜共通傳染病的知識。除了自己和動物以外，最終還是希望不要擴展到整個社會都有被傳染的機會，因此請確實做好預防的動作。

【結紮】

關於繁殖，如果無法負起養育新生命的責任，請考慮幫動物結紮。

【顧慮周遭的環境】

請別讓自己所飼養的動物，帶給社會麻煩或毀壞生活環境，這就是守護動物的最好方式。

【預防走失】

請幫動物戴上可以清楚得知飼主身分的防走失姓名牌、吊牌、腳環或晶片等物品。我們重要的狗狗家人要是走失了或被偷抱走了，牠可能就得曝曬在炎熱的夏天之下，或者忍受冰冷的寒冬。可能還得餓著肚子徬徨地走來走去尋找食物……。一想到有可能會陷入如此惡劣的景況，內心就難受得不得了。當然，如果不幫狗狗繫上牽繩，風險會更高。

＊　＊　＊

總而言之，每一位飼主都必須負起養育的責任直到動物生命的盡頭。為了能讓我們重要的動物家人好好地過完一輩子，這是我們能做的一小步。然後，這一小步、一小步所累積起來的，就會成為推廣「終生飼養」典範的一大步。

Shop & Apartment design to live with dogs

SHOP

設計：
黑崎 敏

好想開店！

可以呈現與愛犬共同生活樣貌的店鋪兼住宅 思考工作型態、生活方式以及如何取得平衡

Dogdeco HOME 與狗狗一起生活的家

「Dogdeco HOME 與狗狗一起生活的家」是一間販賣人與狗狗生活用品的店，同時也兼做住宅使用。如何在兼具工作和生活的住宅裡，將「work・life・balance（如何工作、生活並取得平衡）」融入住宅設計當中，是一件很重要的事。原本池田夫婦的店鋪開在大阪。不久之後，位於東京的百貨公司向池田夫婦招手，於是便舉家遷移到東京。隨著孩子逐漸長大，原本住的大廈空間也越來越小，於是決定重新蓋一棟房子。「希望可以和愛犬在生活中體驗、使用、思考，並能打造出唯有這裡才能辦到的事……」。而實現這份理想的，就是現在這棟店鋪兼做住宅的房子。一樓作為店面。採用清水混凝土結合玻璃牆面打造而成，為了讓客人可以隨意進來逛逛，特意將大門大大地向外面敞開，整個空間就如同玻璃櫥窗一樣。

月（米格魯）

二樓作為居住的空間。與一樓成為對比，二樓是採用木頭貼皮作為外部裝潢，面向馬路的那一面並沒有開設窗口。地板是採用櫻花純淨木地板，並設有地板暖氣。牆壁和天花板是採用柳安夾板作成，給人自然、柔和的印象空間。「這裡離市中心稍微有段距離，這種距離感感覺還不錯。不僅洋溢著大自然的氣息，也擁有這塊土地才有的獨特魅力，很多創作者或作家也都在此生活。像是聚集了一群彼此感覺合得來的人。這裡是一個非常好的環境，讓我們跟狗狗一起生活的同時，也能帶出適合我們自己的生活方式。」由於是店鋪兼作住宅的性質，因此也能擴展社區範圍。想要實現「work・life・balance」，如何選擇地理位置也是很重要的關鍵。

夫妻＋小孩2人＋狗狗1隻（米格魯）

藉由拉高LD的地板，讓坐在LD的人的視線高度，可以和站在廚房的人達成一致。

在樓梯入口處設置木製圍門。

收納櫃下方是狗狗無法惡作劇的箱子。

完美融入室內裝潢風格的北歐圍柵。

LDK是和狗狗共同生活的空間。

住家後方有個綠意盎然的狗狗散步道。

狗狗是我們重要的家人。

APART MENT
愛犬家住宅
專員：
加治木 祐二

地板鋪有30cmX30cm寬的磁磚。腰壁也以磁磚貼成。牆壁下面有一個進出狗狗專用房間的出入口。

比陽台扶手再低一點的地方有一個狗狗專用的房間。
這裡裝有一扇單窗，因此可以直接從陽台處打掃狗狗專用的房間。

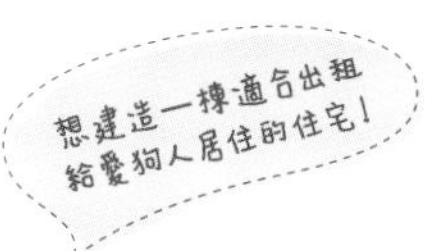

即使是單身女性也可以跟愛犬安心、舒適地生活在一起的房子

PAPPY Heim

「設計師們的家KAJIKI」位於宮崎縣，這間公司的社長－加治木社長希望即使是單身女性，也能安心、舒適地和狗狗住在一起。因此，蓋了一棟名為「PAPPY Heim」的租賃住宅。整片全白的外牆搭配上橘色，讓外觀看起來相當鮮豔。整棟大廈總共有三層樓。一樓是可以容納四台車的停車場以及採用自動電子鎖的入口大廳。二樓與三樓各是面積28m²、設計成樓中樓樣式的套房各2戶，總共4戶。從入口大廳一進去，立刻就會看到可供溫水的沖洗設備，狗狗可以在此洗澡或者修毛做造型。當散步回來時，也可在此快速沖洗掉髒污再進門，非常方便。由於是樓中樓的設計，因此會挑高天花板，對狗狗而言，天花板太高可能會讓牠感到不安。因此，我們在比陽台扶手稍微低一點的地方，設置了一個狗狗專用的房間，在室內開了一個出入口，並在陽台這邊裝設一扇玻璃單窗，確保明亮度，也更易於打掃。廚房上方即是寬敞的樓中樓，除了收納物品以外，也可當作寢室。另外，還可以把不希望被狗狗破壞的東西放在這裡，真的是非常好用的空間。地板鋪有磁磚，並裝有地板暖氣，冬天很舒適、夏天很涼爽，非常地舒服。插頭的位置也裝設在比平常高60cm的地方，防止狗狗惡作劇和觸電。正因為是自己一個人住，因此更要時時留意狗狗的安全。也因為如此，才會希望自己能住在安心、安全而且舒適的房子。

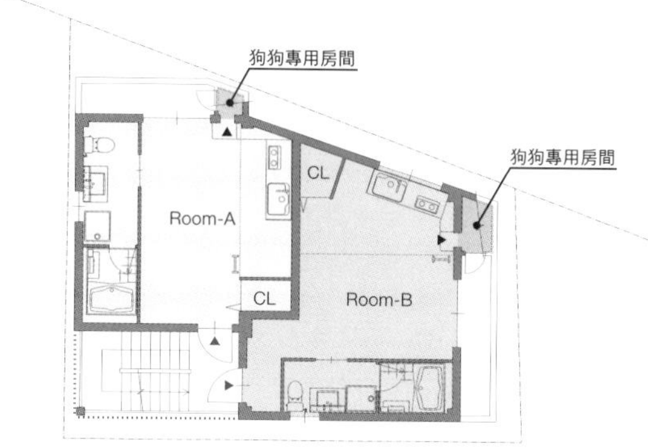

入口大廳處設有沖洗設備。

1樓為停車場，2、3樓為套房，每層各有2戶。

APART
MENT

住者愛狗人和音樂愛好者的租賃集合住宅。

壁裝飾著狗狗腳掌和鍵盤造型的金屬門牌。

協助愛狗人的資源相當豐富。

住著一群愛狗人的集合住宅

為了形成一個良好的集合住宅型社區，要從軟體和硬體兩方面下工夫

Stella Maris

這裡是愛狗人和鋼琴愛好者居住的租賃集合住宅「Stella Maris」。「可以毫無顧慮地練習樂器的租賃住宅很少。同樣地，適合和狗狗一起居住的租賃住宅也很少……」。因為以上這些訴求，我們期望能和附近的租賃住宅有所區分，因此建造了這一棟全新型態的共居住宅。起初我們也擔心，若是讓音樂愛好者與愛狗人住在一起，會不會發生「狗狗會對樂器的聲音有反應」、「狗狗太吵了導致無法專心練習」等情況。不過，「既然如此更希望可以讓他們住在一起，顛覆以往的觀念」，為此我們預想了各式各樣的情況，試想如何在硬體和軟體兩個層面妥善做到最好，並且不斷反覆地檢討問題。在硬體方面，走廊裝有廣角鏡、大廈裡的公共部分設置了寬敞的洗腳空間＆狗狗的廁所。每個套房裡，下方都有個開放式的收納空間，可以做為狗狗的小天地、窗戶是採用雙層隔音玻璃窗、也很講究牆壁和地板的材料。而在軟體方面，可以提供狗狗的訓練課程、旅館（暫時寄宿）、修毛做造型等店鋪，則是採用招商的模式納入其中，成為可以輕鬆地請教狗狗相關問題的諮詢系統。另外，也將「狗狗公共廁所」、「便便回收箱」等公共設施，委託專人維護管理。住著愛狗人的集合住宅裡，不只要考慮到硬體層面，如何補足對軟體的需求，對於促成良好社區而言，是一件非常重要的事。

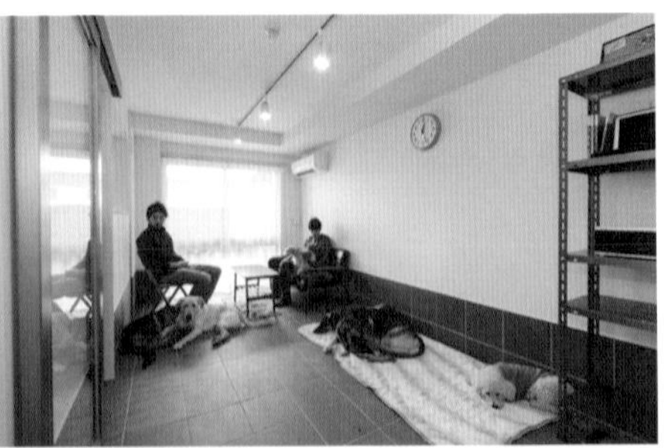

『Dogs garden』負責提供狗狗的訓練課程、旅館（暫時寄宿）、修毛做造型以及維護管理公共設施。

地板塗有一層防滑、耐刮、耐髒汙的塗劑。插座裝設在上下兩處。

窗戶採用雙層隔音玻璃窗。

房間的壁紙，可以只換掉半邊。

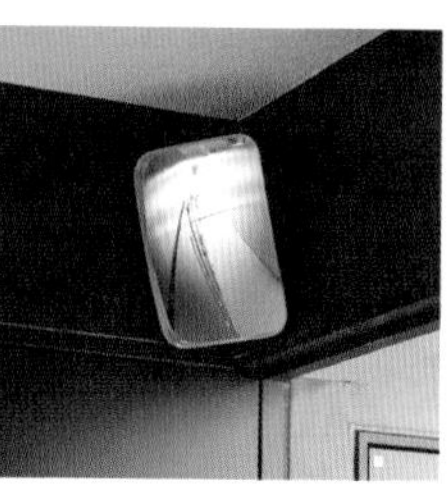

為了可以安心地走在公用空間裡，在每個地方都裝有廣角鏡。

門旁邊設有牽繩掛鉤。

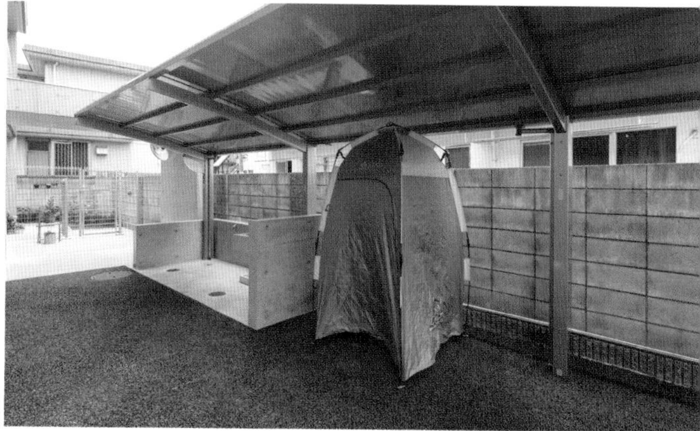

大廈內的公共區域設有洗腳處。也可當作狗狗的廁所。

close-up

與愛犬共同生活在集合住宅的指導者
給入住者的實用DVD
狗狗禮儀DVD「和愛犬快樂地過生活」

裡頭有幫助狗狗不給周圍的人添麻煩、成為人見人愛的好孩子必須遵守的基本禮儀，還有將實踐的方法拍成影片，以淺顯易懂的方式講解如何矯正脫序行為。「和愛犬快樂地生活」（愛犬と しく暮らすために）（ 1onwan股份有限公司）

狗狗的生命週期

關於狗狗的年齡以及老化

不管到了幾歲，狗狗都無法離開家裡自力更生。不管活到幾歲，狗狗都能像個天真無邪的孩子般，治癒我們這些飼主的心靈，因此狗狗對我們而言是非常重要的存在。可是，即便是這樣天真無邪的愛犬，身體也還是會隨著年齡增長而逐漸老化，這是無法避免的問題。現在，請各位飼主認清您家的狗狗正處於哪個生命週期，再給予狗狗相對應的健康管理。

逐漸追過人類的年紀

狗狗的生命比人類還短，而且會逐漸追過人類的年紀。中、小型犬成長到成犬階段相當迅速，老化會在七歲左右緩慢地到來。大型犬成長到成犬階段雖然比較慢，但老化很早就會在5～6歲時來報到。

換算成人類的年齡是幾歲？

請參考下面的「年齡換算表」。不過，這終究只是基準值。根據狗狗的成長＆老化、品種以及飼養狀況、個體間的不同，會有所差異。狗狗在幼犬時期，會以人類12～17倍的速度成長，等到成犬期，每年也會以人類4～7年的速度增長年歲。請不要錯失狗狗發出的任何訊息，請給予牠適合該年齡層的照護。

【幼犬期】
小型犬：約未滿1歲
中型犬：約未滿1歲半
大型犬：約未滿2歲

【成犬期】
小・中型犬：大約在7歲前後左右
大型犬：大約在6歲前後左右

【高齡期】
小・中型犬：大約7歲以上
大型犬：大約6歲以上

狗狗的實際年齡	1歲	2歲	3歲	4歲	5歲	6歲
小・中型犬	17歲	24歲	28歲	32歲	36歲	40歲
大型犬	12歲	19歲	26歲	33歲	40歲	47歲

狗狗的實際年齡	7歲	8歲	9歲	10歲	11歲	12歲
小・中型犬	44歲	48歲	52歲	56歲	60歲	64歲
大型犬	54歲	61歲	68歲	75歲	82歲	89歲

狗狗的實際年齡	13歲	14歲	15歲	16歲	17歲	18歲
小・中型犬	68歲	72歲	76歲	80歲	88歲	96歲
大型犬	96歲	103歲	110歲	117歲	130歲	145歲

Building materials and goods of housing design to live with dogs

跟愛犬的生活更加豐富有趣！

挑選狗狗用品

本章節所介紹的商品，是由P.94「Dogdeco HOME 與狗狗一起生活的家」（Tel.042-383-3580 http://www.dogdeco.co.jp）所提供。
※商品的現況以及價格等，可能有所變動。
※單位：mm　W=寬度、D=深度、H=高度、L=長度、Ø=直徑

自然融入室內裝潢風格的北歐風籠子

原本是為了不讓小孩子靠近，而圍在柴爐或暖爐周邊的丹麥製商品，但用來當作狗狗的籠子也很好用。還能追加幾片柵欄自由地擴大範圍，可以這樣配合狗狗的體型或住家空間作調整，也是這項商品的優點。

「A style」W1050XD720XH710
29,200日幣（不含稅）
「B style」W1440XD720XH710
32,200日幣（不含稅） 素材／鐵（零件是塑膠材質） 丹麥製造

讓狗狗感到安心也能確保安全性的小窩

狗狗天生就想要有個屬於自已的小天地。若有個安穩平靜的空間，除了可以讓狗狗的心靜下來以外，要是發生突發狀況或災難時，待在小窩就可確保安全。這個木頭製的小窩，完全沒有用到釘子，即使狗狗啃咬也不會對狗狗造成傷害。外面是採用將純淨木材削成薄片製成的薄木板，內部則使用防水木板。

「狗狗小窩」W450XD450XH450
34,000日幣（不含稅） 木種／顏色（白色X前面胡桃色）、橡樹（自然色系）、胡桃色（深棕色）
日本製造

善待環境擁有仿舊氛圍的
再生畫布狗狗玩具

美國O.R.E公司是一家重視環保而且對商品相當用心的製作廠商。照片這個印有實際物品圖樣的歡樂狗狗玩具（背面是白色布料），採用的是回收後再生的棉質畫布。裡頭的棉花是使用製作衣服時所剩下的棉質碎布填塞而成，內含一個鳴笛器。「O.R.E recycled canvas fetch dog toy OLDSHOE」W200XD100XH50 1,400日幣（不含稅）
「O.R.E recycled canvas fetch dog toy BASEBALL」Ø120XD40 1,400日幣（不含稅） 材質／再生純棉畫布 美國企劃 中國製造

越用越順手的
肩背包

包包製造廠商TEMBEA與「dogdeco」共同合作開發的狗狗專用肩背包。包包採用特殊打蠟處理並且選用擁有強效防水性和耐久性的畫布材質，最後再經由國內技藝純熟的專家師傅精心手工縫製而成。就像皮革一樣，越用越順手，最適合用來當作揹著寶貝愛犬移動的包包。裡側附有鉤子，可以防止狗狗跳出去。適合8kg以內的狗狗使用。附珍珠棉裡內墊。
「dogdeco x TEMBEA肩背包 紅色x棕色」W530XD190XH300 19,000日幣（不含稅） 材質／100%純棉 日本製

全世界的人都喜歡的

狗狗睡墊

持續暢銷20年以上，全世界的人都喜歡的狗狗睡墊。這麼受歡迎的原因不只是簡約的設計，跟它的機能性也有關係。裡頭的棉花選用高品質的聚酯纖維，即使長期使用也能表現出它優異的緩衝性。簡約的直條紋設計不管放在哪種風格的房間裡都很適合。
「GEORGE 直條紋睡墊」 S：W380XD530 12,000日幣（不含稅） M：W480XD680 14,000日幣（不含稅） L：W580XD840 16,500日幣（不含稅） XL：W680XD1040 18,500日幣（不含稅） 材質／外面100%純棉 裡頭的棉花 聚酯纖維 日本製造

歷史悠久的美國陶器廠商所生產的
狗狗飯碗

歷史悠久的美國陶器廠商－BAUER POTTERY，於1885年創立於美國肯塔基州。唯美的染色是這間公司的特色。像照片中這個狗狗的飯碗，裡面跟碗一樣畫有圓弧的曲線，讓狗狗更容易進食。此款尺寸適合小型～中型犬使用。
「BAUER POTTERY MONTERY DOGBOWL 黃綠色」Ø150（上部）XH50、下部Ø90 4,800日幣（不含稅） 材質／陶器 美國製造

防範未然！房屋形狀的ID吊牌

採用義大利皮革製成的房屋形狀ID吊牌。可以用油性筆等把狗狗的名字和連絡電話寫在中間的塑膠墊片。身為飼主必須善盡責任，為了避免發生突發狀況時留下遺憾，請一定要將ID吊牌掛在狗狗的項圈上！「dogdecoXsafuji ID吊牌」1200日幣（不含稅）L34XW32X（含金屬部分）H55 顏色／紅色、淺棕色、深棕色 材質／100%牛革 日本製造

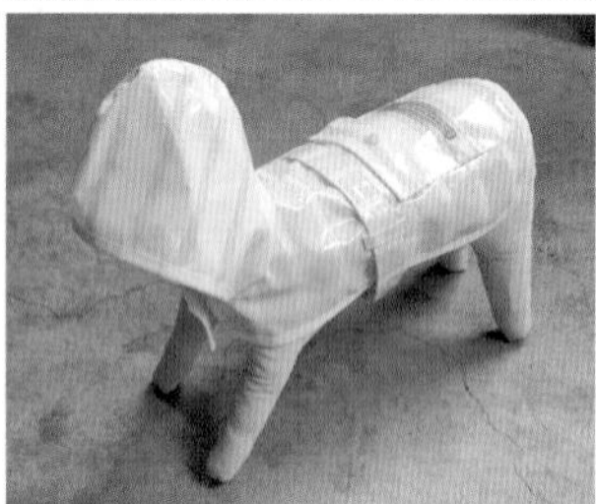

穿上喜歡的雨衣 即使下雨也能快樂地散步

雨衣的表面塗層是使用被稱為P.V.C的聚氯乙烯。這類材質經常被運用在雨衣上。
它具有高強度以及優異的滲透性，因此穿起來不會悶熱，相當舒適。貼附在身體和脖子周圍的魔鬼氈束帶可以調整鬆緊。「seven seas dog 直條紋雨衣」1號：全長200 10,500日幣（不含稅）、2號：全長250 10,500日幣（不含稅）、3號：全長300 10,500日幣（不含稅）、4號：全長350 10,500日幣（不含稅）、5號：全長400 12,500日幣（不含稅）、6號：全長450 12,500日幣（不含稅） 材質／表面 100%純棉 裡面 100%聚酯纖維 日本製造

＊表面塗聚氯乙烯因此會呈現反光現象。

推薦給 不喜歡穿衣服的狗狗 超細纖維披風

脖子和身體下面是採用可調整鬆緊的魔鬼氈束帶貼起來而已。簡單就能穿脫的設計大受消費者好評。表面是採用防水的尼龍布，裡頭則是使用微暖的羊毛。魔鬼氈束帶只是繞過身體貼著而已，並不會讓狗狗感到不舒服。此件可以用清水手洗。「GEORGE超細纖維披風」10吋：全長250 6,800日幣（不含稅）、12吋：全長300 7,500日幣（不含稅）、14吋：全長350 8,000日幣（不含稅）、16吋：全長400 8,700日幣（不含稅）、18吋：全長450 9,500日幣（不含稅）、20吋：全長550 10,000日幣（不含稅）、22吋：全長550 10,800日幣（不含稅） 材質／100%聚酯纖維 美國製造

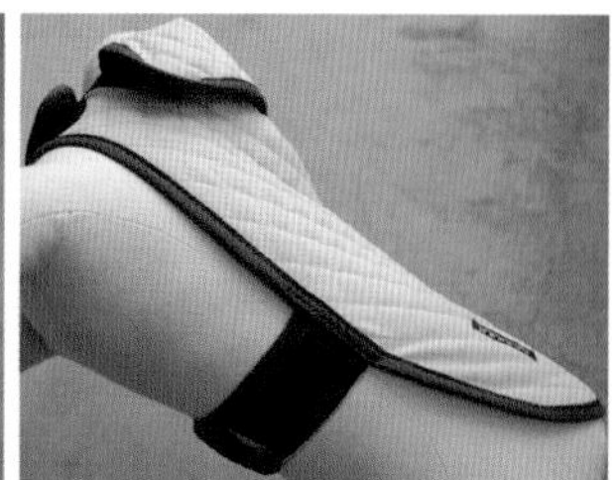

每一條都是出自師傅的手工
愛心項圈

DogLa，1944年創立於加利福尼亞州的洛杉磯市。現在則在聖地牙哥設立據點，生產狗狗專用的皮革配件。DogLa採用的是厚實的義大利皮革，再經由專家師傅一條一條地手工打造，最終成為一條紮實堅韌的項圈。「DogLa heart collar」8吋：W10XL190～225 5,000日幣（不含稅）、10吋：W10XL240～275 5,200日幣（不含稅）、12吋：W20XL270～300 6,500日幣（不含稅）、14吋：W20XL310～350 6,800日幣（不含稅）、16吋：W25XL350～460 8,500日幣（不含稅）、18吋：W25XL400～480 8,500日幣（不含稅） 顏色／紅色、棕色、黑色 材質／100%牛革（金屬部分 黃銅） 美國製造

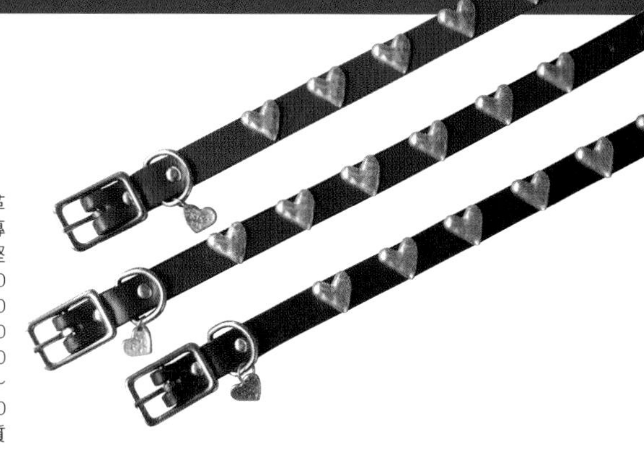

與匠師共同開發的
狗狗專用項圈

這是dogdeco與皮革工藝匠師共同開發設計的狗狗專用項圈。它的特點是皮革上面那既優美又柔和的縫線。這款項圈採用的是高品質的義大利皮革，金屬零件則堅持選用黃銅做搭配，享受越用越有味道的變化過程。「dogdecoXsafuji dog collar」XS：W15（脖圍）190～240 4,800日幣（不含稅）、S：W15（脖圍）240～290 5,000日幣（不含稅）、M：W20（脖圍）270～340 5,400日幣（不含稅）、L：W20（脖圍）310～380 5,800日幣（不含稅）、XL：W25（脖圍）350～450 7,200日幣（不含稅） 顏色／紅色、淺棕色、深棕色 材質：100%牛革 金屬、黃銅
日本製造

藉由梳毛
幫狗狗按摩

刷毛的部分是使用從毛根部算起長3cm的硬質豬毛。把手則採用擁有強大殺菌效果的日本扁柏。硬度適中的刷毛，梳毛時能順便按摩狗狗的皮膚，進而促進血液循環，帶來增豔毛色的效果。「GEORGE 梳毛刷」W130XD70 2,800日幣（不含稅） 顏色／橘色、綠色
日本製造

對大自然和狗狗都很溫和
的乾洗劑

以植物精油和萃取精華調製而成的非霧狀乾洗劑。純茶樹＆薰衣草精油可以常保狗狗皮膚和毛質的健康。請直接噴灑在狗狗的毛上後，再用毛巾擦拭即可。使用後無須再潤絲或清洗，當無法洗澡或者希望消除臭味時非常方便好用。「FAUNA乾洗劑 266ml」2,000日幣（不含稅） 美國製造

打造一個跟愛犬幸福生活的居家環境

挑選舒適的建材

在此向各位讀者推薦建造狗狗住宅時的門窗和設備等商品。
相信在本章節當中，一定可以找到解決您「煩惱」和「希望擁有」的品項！

＊ 木地板

高強度地板 SIST-S＋汪

防滑、耐磨、耐髒汙！
專為狗狗設計的舒適地材

從狗狗的角度帶入的「防滑」性能，以及從人的角度帶入的「耐磨、耐髒汙」性能，兼顧兩方需求的劃時代地材。另外也有大廈專用的直貼式靜音地板和封面地板等一應俱全。

住友林業crest股份有限公司
Tel.052-205-8451

＊ 地材

寵物微笑住宅 地板

實現維護愛犬的健康以及滿足飼主想要的舒適感高機能、高耐久的地材

擁有防滑、耐磨、除臭三大機能的高耐久性地材。它的表面強度比起一般具有緩衝性能的地板和普通地板都還要來得高。搭配使用植物性除臭劑，即使狗狗舔舐也不用擔心，除此之外也具有防蟎抗菌的效果。

Lilycolor股份有限公司　Tel.03-3366-7865

＊ 木地板

Previous看護和寵物

防滑好走
體貼年長者和寵物的地板

狗狗的腳不易打滑，防水性又高，即使不小心尿在上面也不容易弄髒，只要輕輕一擦，就可快速清潔髒汙。另外，也不容易造成刮傷和留下輪椅推過的刮痕。不需要特別打蠟，輕鬆好保養。也有販賣簡單就可疊貼的封面地材。

Ikuta股份有限公司　Tel.0561-85-2461

＊ 地毯

Home Tile Carpet

遍佈家中每個角落
超好用的嚴選地毯

能夠提供您理想尺寸和設計的地磚式地毯。擁有多種顏色、花樣、尺寸，可以自由地搭配組合。施工簡單，只要將他們拼接起來即可。具有防滑和緩衝性，能夠減輕狗狗腰部和腿部的負擔。

日本絨氈股份有限公司 AS事業部
Tel.0120-100-440

＊ 軟木地材

WICANDERS

支援地板暖氣，無須打蠟、擁有絕佳抗污染性的天然軟木地材

軟木地材除了擁有保溫性、隔音性、緩衝性以外，也具有優異的保養性和設計性。它是一種體貼愛犬的腰部和腿部、不再介意狗狗跑來跑去的聲音、不容易刮傷而且好清掃的地材。

Madera股份有限公司
Tel.0422-60-3365

＊ 小片地毯

RUGRUG

款式豐富
讓您可以隨心隨預做變化，簡單好手洗。

能夠自由地搭配組合，享受創作原創地毯的樂趣。擁有長毛絨毯或人工草皮等各種材質和觸感。除了正方形之外也有六角形。可以只手洗髒掉的部分就好，易於維持清潔。

Suminoe股份有限公司
Tel.06-6537-6305

＊ 壁紙

機能性壁紙
「超級耐久性」系列

有效對抗傷痕・髒汙！
以高抗菌性&高表面強度為傲的壁紙

也被用來當作生鮮食品的包裝膜。在表面覆上一層擁有高抗菌性的特殊膜，增強壁紙的表面強度。可運用在有毛小孩的公寓、大廈至一般住宅，也可用於廚房、盥洗室等場所。
SANGETSU股份有限公司
Tel.052-564-3314

＊ 壁紙

狗狗微笑住宅 壁紙

耐磨、耐髒汙、質地堅韌，使用年限長
可讓家裡維持乾淨又舒適的環境

在壁紙表面有一層抗菌性覆膜。被狗狗弄髒的地方，只要用水或中性清潔劑就可清除乾淨。與一般的塑膠壁紙比起來，多了50倍的強度。是一款非常耐刮的壁紙。
Lilycolor股份有限公司
Tel.03-3366-7865

＊ 壁材

MOEN ART Eco Art Plus

幫助維持舒適又清潔的室內環境
混合茶渣的機能性內裝壁材

以水泥質和纖維質作為主要原料壓製成型的片面板狀。是一款兼具防火性和設計性的內裝壁材。由於裡頭混有茶葉渣（大約1m^{2}左右需要使用四罐『お～いお茶』・與伊藤園共同開發），因此發揮抗菌、除臭的效果，藉此減少臭味。
NICHIHA股份有限公司
Tel.052-220-5125

＊ 塗料

灰泥塗料
消石灰系飾面材料ALESSHIKKUI

從珊瑚礁中誕生

對人類、建築物、環境都很溫和的灰泥塗料
自古以來，日本傳統建築就有使用這種從珊瑚礁中誕生的自然素材－灰泥，現在我們把它做成塗料。它擁有除臭、防止結露、抗菌、抗病毒以及有效吸附有害物質等功能。只要塗在塑膠壁紙上面就能有效改善臭味。
關西PAINT銷售股份有限公司
Tel.03-5711-8904

＊ 狗狗專用門

新增一道狗狗專用門

即使把門關上，狗狗也能自由地進出

可以特別訂做的狗狗專用門（單開門），即使把門關上，狗狗也能自由地進出。讓房間內的冷暖氣維持最高的效率，門也不用一直開著。

Panasonic股份有限公司 Eco Solutions社
Tel.03-6218-1243

＊ 狗狗專用門

Full height caro

可以瞧見狗狗的身影
具有現代感的狗狗專用門

高到天花板的全敞式單開門－Full height caro，底下結合狗狗的專用門。也有做成拉門的款式。中間的透明玻璃下接活動門片，飼主可以看到狗狗向自己跑過來的樣子。

神谷CORPORATION股份有限公司
Tel.0463-94-6203

＊ 內裝門

上吊式軌道拉門

利用上吊式軌道開門或關門
不會堆積廢毛，打掃起來也很輕鬆

將軌道設置在上方的上吊式軌道拉門，它能防止廢毛堆積，並且易於打掃，真的很棒對吧！本公司所有的內裝門系列都有製作上吊式軌道開門的款式。也很推薦用它來區隔空間，替狗狗規劃一個看家時的專屬區域。

Panasonic股份有限公司 Eco Solutions社
Tel.03-6218-1243

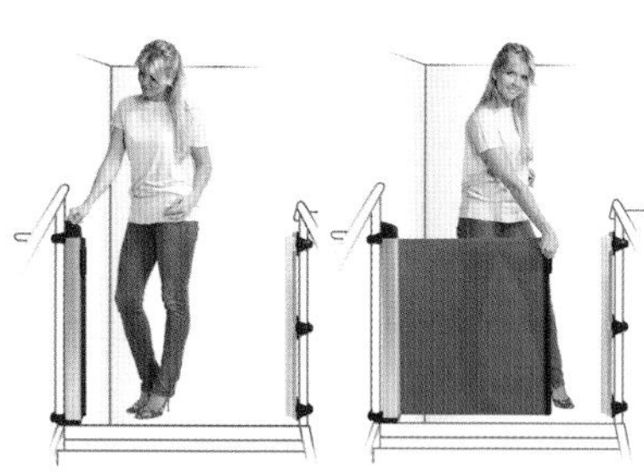

＊ 門欄

Kiddy guard

沒有門檻，不會絆倒
可自由調整寬幅的捲布式門欄

這款由Sweden企劃的高設計性捲布式門欄，寬幅最長可拉開到120cm，捲起來收好時僅有10cm。可以裝設在柱子、牆面和欄杆（直徑1cm～5cm）。即使撞到也能減緩衝擊力，是一種擁有優異耐久性和衝擊性的材質。

T-REX股份有限公司
Tel.06-6271-7501

＊ 榻榻米／收納

榻榻米之丘（畳が丘）

可放鬆休息的空間和超大容量的收納格
設有高低落差，讓狗狗無法上去

打造出可放鬆休息的榻榻米區域&收納空間。可自行選擇大小和形狀。裝設方面是採用簡單的置放型。高度則設定在讓人好坐的38cm。這高度對狗狗來說有點高，儼然成為不准狗狗上去的標誌，對於調教狗狗很有幫助。

Panasonic股份有限公司 Eco Solutions社
Tel.03-6218-1243

＊ 地板暖氣

溫水地板暖氣
舒暢安心溫水W（フリーほっと　すいW）

可選擇自己喜歡的地材之分離型建材
也可連接熱泵式溫水暖氣機

地板暖氣是藉由地面散發出來輻射熱能（遠紅外線）來溫暖身體和整個房子，對狗狗來說相當溫和。若能連接有效利用大氣熱能的熱泵式溫水暖氣機，就更經濟實惠了。也可以選擇自己喜歡的建材。

Panasonic股份有限公司 Eco Solutions社
Tel.03-6218-1243

＊ 玻璃專用隔熱塗料

節能、環境保護材料 ReEner
ReEner玻璃專用ClearCoating劑GLC-1

維持窗戶的開放感
成為經濟又環保的舒適環境

阻斷直射陽光，提高冷氣的效率，也能阻擋紫外線。藉由玻璃窗的隔熱效果，也能抑止暖氣的熱能流失。即便是經常耗費龐大運行成本的狗狗家庭，也能達到節能的效果。

Okitsumo股份有限公司
Tel.0595-64-4124

＊ 鍍膜

AJ perfect coat

塗上玻璃薄膜防止滑倒。保護家裡的地板・牆壁・家具，不受刮痕、污垢所傷害！

利用奈米複合物技術研發的「玻璃薄膜」，將它塗在地板上就能防止滑倒，保護家裡的地板不受刮痕、污垢所傷害！只要簡單塗抹即可，並能長時間維持效果。可以塗在木材、金屬、皮革、紙張等各種素材上。

1onwan股份有限公司 housing事業部
Tel.03-6268-8655

＊塗料

Benjamin Moore・Paints

不剝落・不飛濺・無臭味
考慮到環境與健康，精采絕倫3500色

將VOC（揮發性有機化合物）抑制到極限。即使家裡有小朋友或狗狗的家庭，也不用擔心。擁有超強的速乾性，非常適合自己DIY。也可自行調配原創色彩。

Benjamin Moore・Paints
（福岡showroom&store）Tel.092-415-0243
（青山showroom&store）Tel.03-6440-0825

＊線材

配線革命

完整收納亂七八糟的線材
危險性和雜亂感一掃而空！

利用高設計性的室內裝潢配線槽「配線革命」，聰明收納各種線材。可防止狗狗惡作劇，確保安心、安全的環境。只需用雙面膠固定即可，簡單就能裝設也是它的優點。

東都積水股份有限公司
Tel.03-3438-2270

＊電梯

Panasonic的家用電梯

想要跟狗狗開始過著
有家用電梯的便利生活嗎？

對狗狗而言，上下樓梯有可能會造成罹患關節疾病的風險。如果有了家用電梯，每天和狗狗上下樓都會變得更加輕鬆、舒適。 除了新建的房子以外，趁著重新翻修房屋時裝設電梯吧。

※裝設家用電梯必須符合法律程序。

Panasonic股份有限公司 Eco Solutions社
Tel.03-6218-1635

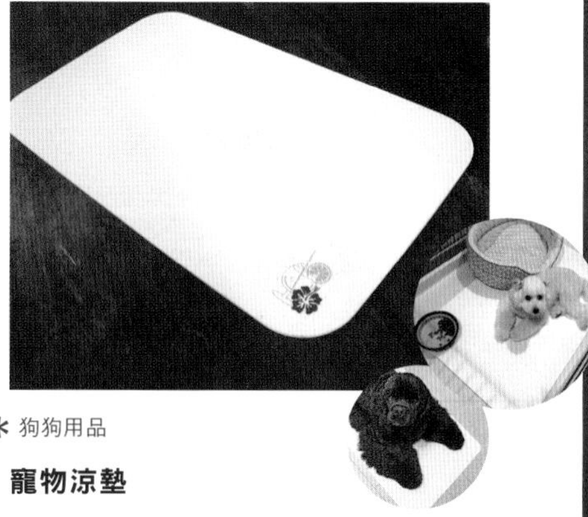

＊狗狗用品

寵物涼墊

免插電又乾淨
涼爽舒適的狗狗小天地

只要趴在上面就可享受到舒適的涼爽感。免插電就可使用，相當環保。不會孳生跳蚤和蟎蟲，可以常保清潔。這是日本國內製造的人工大理石板。厚度僅8mm，四邊邊角有修成圓弧狀。

1onwan股份有限公司 housing事業部
Tel.03-6268-8655

＊ 離子產生器

天花板嵌入式奈米水離子產生器air-e

令人在意的臭味就用「奈米水離子」除臭，讓房間的空氣變新鮮！

「奈米水離子」是被水所包覆的超細微氫氧離子。從天花板釋放的「奈米水離子」，可以抑制生活中所產生的臭味。除了寵物身上的臭味以外，對於菸臭味、體臭、調理臭味、餿水臭味也相當有效，可以在家裡各個場所使用。

Panasonic股份有限公司 Eco Solutions社
Tel.03-6218-1131（代表）

＊ 除臭方塊

健幸方塊

擁有高效調節濕度功能和絕佳的除臭效果。置放型陶瓷方塊

以北海道的「稚內珪藻頁岩」做為原料，吸放濕能力相當優異的陶瓷方塊。除了氨氣以外，對於體臭、寵物臭味、廁所臭味以及生活中所產生的臭味都能夠發揮絕佳的除臭效果。設置簡單，效果可持續半永久性。

鈴木產業股份有限公司
Tel.0166-61-4741

＊ 環境淨化布

ORGAHEXA

**將異味包覆在100%碳纖維裡
過著健康又舒適的生活！**

以獨家技術碳化植物性再生纖維，100%碳的布料。擁有備長炭4倍以上的表面面積，可以調節濕氣，防止黴菌發生、抑制蟎蟲繁殖。可以吸附造成室內空氣污染原因的討厭臭味。效果可持續半永久性。

ORGAHEXA HOMES股份有限公司
Tel.03-3420-5737

＊ 殺菌洗淨除臭劑

AJ Break · 汪（AJブレイク · ワン）

**除菌、消臭雙效合一，只要這一瓶。
簡單就能徹底洗淨居家的髒汙**

可以分解、去除附著在狗狗用品或廚房周圍的油脂或有機物質髒污。高水準的除菌、除臭功能，能有效將臭味和雜菌隔絕在外！使用高安全性，對狗狗也很溫和的成分。

1onwan股份有限公司 housing事業部
Tel.03-6268-8655

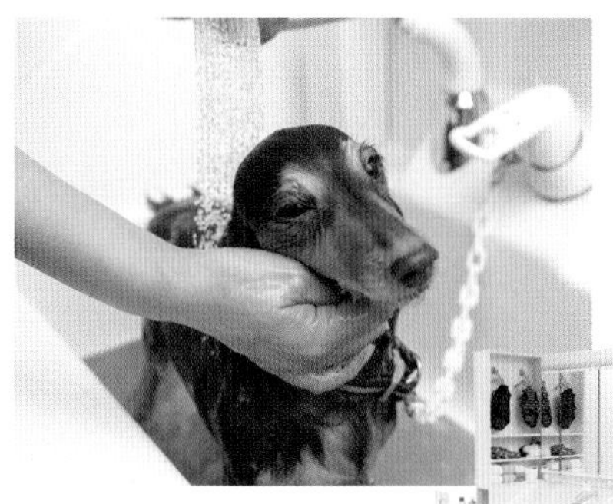

＊ 洗臉台

Bonito

擁有超細微氣泡的全套配備
特別為愛狗人精心設計的商品

不論是幫狗狗洗澡或梳毛、理毛，都能發揮極大的效益。本設備擁有許多令人感到貼心的設計，例如底下設有一個控制蓮蓬頭的出水開關，可以直接用腳觸控。超細微氣泡可以洗淨毛孔的髒汙，同時還能得到按摩和放鬆的效果。

1onwan股份有限公司 housing事業部
Tel.03-6268-8655

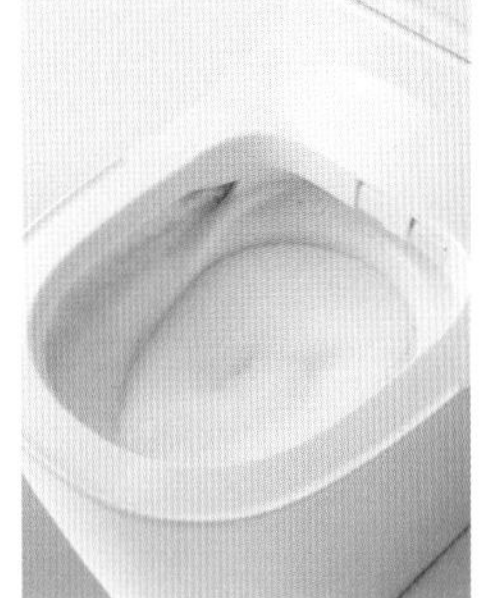

＊ 馬桶

全自動清洗馬桶 新型A-La-Uno

既省水，
又能徹底洗淨髒汙的馬桶

愛狗人的家庭，抽水馬桶的沖水次數節節攀升，新型A-La-Uno採用「Turn trap洗淨模式」，可以有效節約用水。只要將廚房清潔劑丟進清潔劑槽裡，就能產生細緻泡沫和超細微泡沫，徹底洗淨馬桶髒汙。

Panasonic股份有限公司 Eco Solutions社
Tel.03-6218-1131（代表）

＊ 窗戶

環保內窗 PLAMADO U（プラマードU）

在現有的窗戶內側，再加上一道窗
不僅節能，又可達到全年舒適的效果

簡單裝設一道新窗，就能提高窗戶的隔熱性和氣密性，一口氣提升居家住宅的舒適度。它同時具有隔音功能，對外面的聲音較敏感的狗狗，可望減低牠的壓力。除此之外，狗狗的吠叫聲也不會傳到外面去。

YKK AP股份有限公司 消費者諮詢室
Tel.0120-20-4134

＊ 百葉窗

戶外型百葉窗 Sunshady

採光又通風，解決臭味問題
給自己一個舒適又安全的住宅環境

可以自由調整百葉窗的角度，讓風可以流通，又能阻斷外面的視線。採用堅固的鋁材製成的百葉窗，除了可以達到通風、換氣的效果，也能防止狗狗突然飛奔出去，讓人感到很放心。

OILES ECO股份有限公司
Tel.03-5435-5464

＊ 紗門

Wind Scree
（relieve）

不怕狗狗抓門
自然通風，還能防止蒼蠅和蚊子進入

網面部份是採用鋁材質的網目板。比起以往的紗門擁有更優異的耐久性、無須更換網板，強風來襲時也不用擔心被風吹得凹陷。舒服的自然涼風通暢舒適，還能防止蒼蠅和蚊子進入。
SEIKI販賣股份有限公司
Tel.03-5999-5820

＊ 狗狗專用門

紗門專用，犬貓出入口

裝設簡單。即使紗門關著，
狗狗仍然可以自由地進出

簡單就能裝設在既有的紗門上。利用磁鐵的吸力，可自然地關閉。門打開的幅度較大，輕輕一推就可開閉，對紗門的負擔較小，毛小孩也能輕鬆進出。有S、M、L三種尺寸。L Size（中型犬用）、M Size（小型犬用）TAKARA產業股份有限公司　Tel.06-7711-3080

＊ 隔熱板

內貼式隔熱板系統

平時生活當中就可進行翻新的隔熱工程
利用施工期短的優點再加上合理的價格，
提高隔熱效果

只要將厚度僅13mm的「隔熱板」貼在原本的地板、牆壁、天花板內側即可。新一代翻修隔熱工程，施工期短價格合理。真空隔熱材料能夠發揮出高強效的隔熱效果。
Panasonic股份有限公司 Eco Solutions社
Tel.03-6218-1131（代表）

＊ 隔熱材料

Applegate 纖維素隔熱

不管對人或狗狗以及環境都很溫和
節能、安心、安全的隔熱材料

Applegate 纖維素隔熱工法，擁有隔熱性能、防火性能以及隔音性能。可防止結露和黴菌產生，延長房屋的使用年限。這是一種不會釋放出有害物質的健康建材，也是考量到地球環境的環保建材。
Applegate Japan股份有限公司
Tel.0467-54-3941

＊ 耐震補強材料

內壁耐震補強「壁強」系列

提高房屋的耐震度
震災時也能和狗狗住在一起

當發生地震災害時，許多受災戶大部分都不能再跟狗狗住在一起了。如果是「壁強」系列，可以不用重新打掉天花板或地板就能施工，是一種施工工期短又能降低成本的耐震補強結構材。

Aim股份有限公司
Tel.048-224-8160

＊ 牽繩掛鉤

牽繩掛鉤 Run dog

超人氣的討喜設計
不鏽鋼材質的牽繩掛鉤

可裝設在室內外的不銹鋼製牽繩掛鉤。可以裝設在玄關周圍、浴室、室內和涼亭等處。以及希望狗狗可以稍微等一下或需要用到雙手作業時，若有裝設牽繩掛鉤就會很方便的各個地方。

信建工業股份有限公司DOG-LABO
Tel.054-276-2151

＊ 玻璃屋

居家與庭園之間的Happy&Smile

玻璃屋讓您和狗狗的居家空間變寬廣了
Garden room happina（ガーデンルーム ハピーナ）

晴天時可以將玻璃屋全部敞開的開放感，雨天則變成可以好好賴在裡面休息的場所。另外，還可作為狗狗看家時的空間，或者當作狗狗散步活動的場所。是一個多用途的半屋外空間。落地門窗的種類豐富，可以配合各種用途搭配使用。

三協立山股份有限公司 三協alumi股份有限公司
Tel.0766-20-2263

＊ 狗狗洗澡設備

狗狗洗澡設備組合・磚槽型。

調和玄關處或庭園氛圍的
磚槽型狗狗專用洗澡設備

機能相當豐富的狗狗洗澡設備，附有蓮蓬頭以及用於各式用途的水龍頭。整座設備是以堅固的鋼筋混凝土建造而成，地板則是不容易打滑的地磚。排水口附有大型的排水孔蓋，可防止廢毛堵塞。

信建工業股份有限公司DOG-LABO
Tel.054-276-2151

與愛犬同居的住宅能源

愛狗人家庭必需的設備！溫水地板暖氣

【溫水地板暖氣的優點！】

地板下有溫水循環，從腳底開始暖呼呼的瓦斯溫水地板暖氣。如同陽光照射般穩定的熱度，對人體很溫和，不管是人或狗狗都能感到很舒適。它不會像暖爐一樣，造成空氣汙染、不小心碰到還會燙傷或者有傾倒的危險。另外，地板暖氣沒有機體和線材外露的問題，可以充分使用整個房間的空間，狗狗也可以安心地跑來跑去。還有，它不會產生令人討厭的溫風，把狗狗的廢毛和家裡的灰塵都吹起來，也不會讓空氣過於乾燥，對於擔心會有皮膚問題或過敏問題的家庭來說，是一種很棒的暖氣。

【瓦斯比電能更好】

相較於使用電能直接溫暖地板的暖氣，瓦斯地板暖氣的優點是，不會有低溫燙傷的危險，也能減少電費和瓦斯費的支出。很適合需要長時間在客廳或飯廳等大空間使用的愛狗人家庭。特別的是，若是同時搭配使用節能、能減少 CO_2 排出量的高效率瓦斯熱水器「ecojozu」以及可發電的「ENE　FARM」，就可大幅度降低運行成本。

【翻修＋瓦斯溫水地板暖氣】

瓦斯溫水地板暖氣，可於翻修房屋時進行安裝。裝設地板暖氣的同時，也順便將屋內地板的高低落差弄掉，並換成適合狗狗行走的防滑地板，讓您和狗狗的生活變得更加舒適。

【裝設地板暖氣時的要點】

狗狗平時活動的房間，可以不必整個房間都裝設地板暖氣。建議保留沒有裝設地板暖氣的區域，當狗狗覺得身體有點熱的時候，就可以移動到沒有暖氣的地方降溫休息一下。

節能・創能＆節約 太陽能＋瓦斯解決愛狗人的煩惱

【愛狗人必須思考的能源問題】

我猜一定有不少家庭為了獨自看家的狗狗，出門時，會把冷暖氣開著一直吹。而在這些家庭當中，可能還會有人連電燈、電視都要開著才會出門。除此之外，散步回來時，進門前還會用溫水洗腳或洗身體，每月還有1～2次的全身大清洗……。沒錯，對於愛狗人家庭而言，最大的煩惱之一就是電費和瓦斯費的支出。能源消耗量過高的家庭，對地球環境造成的影響實在令人擔憂。

【如何解決能源問題】

對於需要大量用電、用溫水的家庭來說，最適合使用瓦斯自家發電或ENE　FARM等具有節能・創能功能的設備。ENE　FARM是一種家庭用燃料電池。

它是從瓦斯當中提取氫氣，再與空氣中的氧氣

裝設地板暖氣時，記得選用防滑地板喔！

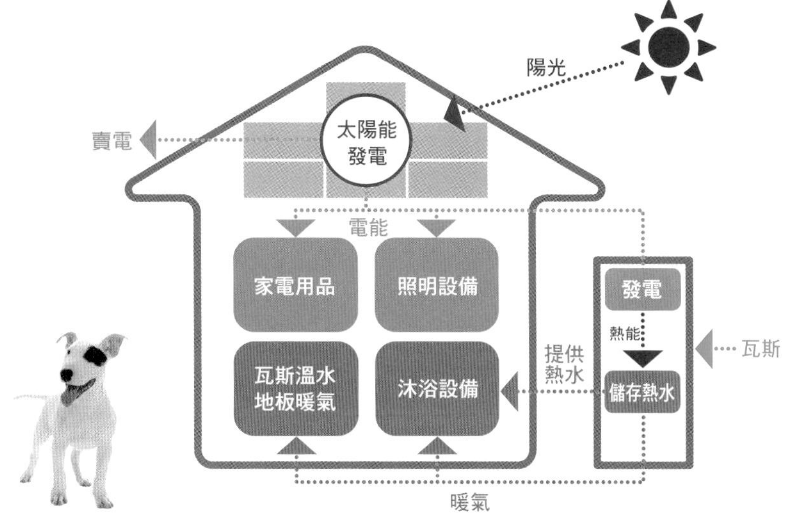

反應後產生電能的創新系統。

（一整天都需要用到大量電能的愛狗人家庭，如果採用全電化系統，很容易增加運行成本。因此還是建議各位換成瓦斯能源。）

【利用瓦斯發電】

平時我們使用的電能，其實無法有效地利用發電時所產生的熱能，因此只能用到原有電能的37％。而就這一點而言，利用供給各個家庭都能達到100％的瓦斯來發電的話，還可以把它的熱能運用在熱水上，絲毫不造成浪費。不浪費能源的瓦斯發電，便可大幅減少CO_2排放和電費的支出。

【太陽能＋瓦斯雙重發電】

更進一步的，若利用瓦斯加上太陽能的雙重發電，即可成為創造出終極能源的家。瓦斯＋太陽能的自家發電，彼此的契合度超高。

【有瓦斯的生活】

從使用能源的家，變成創造能源的家。如此一來，以瓦斯溫水地板暖氣為首，也能實現充分使用電能和熱水的環保生活。和狗狗散步回來時，進門前先用溫水快速沖洗髒污，盡情使用溫水幫狗狗洗澡，使用瓦斯來煮飯……。有瓦斯可用的生活，幫助愛狗人家庭實現「想過得更加舒適豐富的生活」之理想。

您不擔心
這些情況嗎？

用瓦斯解決
您的煩惱！

擔心是否會被暖氣機體燙傷。空調內附的溫風暖氣會把房間裡的灰塵和廢毛吹起來，也怕太過乾燥導致造成皮膚上的問題。

如果是瓦斯地板暖氣的話，地板的表面溫度比體溫還低，約只有25～30％，房間會像沐浴太陽光一般溫暖。不會產生的熱風，是一種善待喉嚨和肌膚的暖氣。

散步回來之後要洗腳，每個月也想幫狗狗洗1～2次澡，想要盡情地用熱水！

利用瓦斯作為自家發電，發電時所產生的熱能可以用來提供熱水，是一種節能又經濟的高效率瓦斯發電・供應熱水的系統。

雖然想要盡情地用電用熱水，但很擔心電費和瓦斯費會過高，也想愛護地球環境。

使用自家發電，從使用能源的家變成創造能源的家。也能大幅減少CO_2的產生以及電費、瓦斯費的支出。

實現與愛犬幸福生活的

為了愛護愛犬

不再因為刮痕・髒污而感到煩躁

要說最令人無法忍受髒污和刮痕的地方，就是地板了。因此，我們必須選用耐刮、耐磨，又好清掃的地材。牆壁方面，請以狗狗碰得到的高度為界線，上下採用不同材質的壁材，比較容易更換，也請幫牆壁多加一片腰壁板。

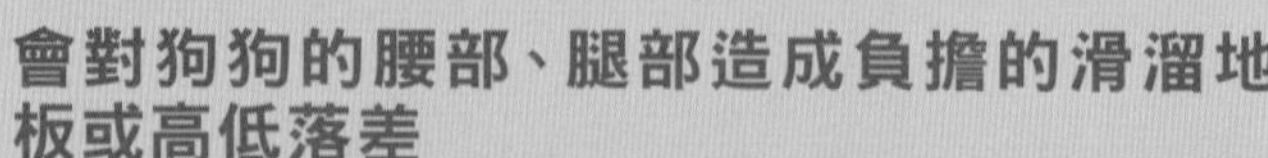

會對狗狗的腰部、腿部造成負擔的滑溜地板或高低落差

容易打滑的地板和地勢的高低落差，狗狗爬上爬下時可能會滑倒會跌倒，並且累積對腰部、腿部的負擔，也可能招致罹患重大疾病。其中也有因此造成脫臼或疝氣等，變成無法再正常走路的狗狗。請選用防滑地板，打掉高低落差，讓家裡成為一個體貼人和狗狗的環境。

解決當客人來訪時，令人在意的狗狗臭味

家裡的人可能沒有什麼感覺，但對來訪的客人來說，馬上就可聞到家裡的異味。首先，通風換氣很重要。請把狗狗的專屬小天地或廁所設置在空氣流通的位置。另外，要打造一個容易清掃的環境，常保家裡的衛生整潔也很重要。採用能夠減輕臭味的建材，也能帶來不錯的效果。

輕鬆打掃維持整潔

廢毛或口水，糧食和水，排泄物等，如果家裡有養狗狗的話，就必須經常打掃。要是能讓吸塵器好吸地，簡單水洗就能洗淨髒汙，不需花費太多功夫的話，打掃也會成為一件很輕鬆的事。事先打造一個不容易髒亂的環境，本來就很重要。

完整收納，過著乾淨清爽的生活

收納時最重要的是，東西立刻就能收好，要用的時候立刻就能拿出來用。思考狗狗一天當中的行動和生活範圍，在這些地方保留收納的空間，就能維持乾淨清爽、讓生活變得更加舒適。例如：把散步用品收納在玄關周邊，讓散步的動線變得更加順暢。

提供狗狗一個可以靜下心來的專屬小天地

如果能給狗狗一個牠自己專屬的小天地，精神上比較能靜下心來生活。為了怕寂寞的狗狗，請給他一個既安心又舒適的專屬小天地，請在客廳或全家人都會聚集在一起的地方，保留一個角落當作是給狗狗的小天地。可以在狗狗的小天地上方，有效靈活地規劃出收納空間。

活躍於全國各地的愛犬家住宅專員，提供您與愛犬一個安心、安全又舒適的住宅，協助您與愛犬過著

居家環境，實踐要點

一生一世

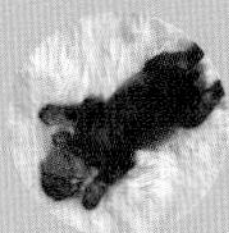

只要多加一道手續，上廁所也能變得很舒適

為了能夠常保居家空間的清潔，必須重視打掃時的方便性。另外，要不要試著裝設換氣扇和有除臭功能的牆壁等設備呢？例如，採用浴室專用的地材和壁材，做出防水性的空間，就能用水沖走髒污。

讓洗澡變得更加舒適

幫狗狗洗澡是一件非常辛苦的事。如果是小型犬的話，請多花點心思在洗臉槽的形狀和檯面。若是在浴室洗澡，推薦使用在手邊就能控制出水、止水的沖洗設備。如果蓮蓬頭架也可配合狗狗的體型和動作自由移動，將會便利許多。

控制愛犬的行為

請在充滿危險的廚房或樓梯口，設置一道隔門防止狗狗進入。而在通往玄關的走廊上，也要花點心思防止狗狗在客人來訪時飛奔出去。留狗狗獨自看家時，則要利用拉門或圍籠劃分室內空間，以便控制狗狗的行動。另外，可在家中每個地方裝設牽繩掛鉤，這樣做起事來會很方便。

防範未然之突發狀況

家中其實充滿危險。例如：可能會從樓梯或陽台摔下來或誤食等。除了有電線散在地上會絆倒腳的危險之外，因為狗狗惡作劇而觸電的話也很慘。請將可能會造成危險的東西收好，並且不要讓狗狗靠近那個地方。

不要給周遭鄰居製造麻煩

也有不喜歡狗狗的人。請不要讓狗狗突然飛奔出去嚇到人，也不要讓狗狗和路人的視線對上，這樣狗狗就不會過於興奮，自然什麼事都不會發生。為了不讓外面的聲音或動靜引起狗狗吠叫，請加強隔音或幫狗狗戴上眼罩。另外，也要注意廢毛或臭味的問題。

讓散步變得更加愉快

請思考一下外出散步和返家時的動線。

如果玄關周邊有個收納專用的空間，那麼，外出散步時就會變得既順暢又方便。此外，玄關附近最好還要有供水設備，這樣就可以沖洗掉散步時所沾到的髒汙。如果是大型犬的話，或許可以幫牠建造一個真正給狗狗專用的水池也不錯。

既豐富又快樂的生活！　http：//www.1onwan.jp/　愛犬家住宅　搜尋

參與協助製作本書的愛犬家住宅專員

西澤 雄嗣
認證編號：11040458
總合建設西澤商會股份有限公司
所在地／長野縣長野市

吉澤 千嘉子
認證編號：10080323
吉澤建設工業股份有限公司
所在地／埼玉縣飯能市

都築 誠
認證編號：11040454
asahi housing股份有限公司
所在地／愛知縣日進市

池田 千夏子
認證編號：9070186
Re Sumai Corporation股份有限公司
所在地／北海道札幌市

二本柳 龍太
認證編號：11040433
assist建築企劃股份有限公司
所在地／北海道旭川市

鷹休 大樹
認證編號：11030397
鷹休建設有限公司
所在地／富山縣魚津市

高木 利博
認證編號：9040158
TRUST建築工房有限公司
所在地／北海道旭川市

持田 正二
認證編號：11110563
赤池鐵工建設股份有限公司
所在地／靜岡縣富士宮市

熊谷 香織
認證編號：9040161
MARUSU建築舍有限公司
所在地／長野縣飯田市

岩本 喜代子
認證編號：12040636
日本海瓦斯股份有限公司
所在地／富山縣富山市

加治木 祐二
認證編號：9080216
加治木建設有限公司
所在地／宮崎縣都城市

幫助人與狗狗共同生活的專家
愛犬家住宅專員

與愛犬共同生活的基礎，建立在安心、安全、舒適的住宅上。在這樣的環境裡好好地養育愛犬，再加上良好的住宅知識與技巧，就能增加與狗狗生活當中的豐富與快樂。而愛犬家住宅專員正是這方面專業的人才。不只是住宅，同時也是具備各種養狗知識與技巧的專家。全國的愛犬家住宅專員，透過幫助各位愛狗人打造安心、安全、舒適的住宅，協助您過著豐富又快樂的生活。

參與協助製作本書的建築師

※建築師們協助監修愛犬家住宅專員的教育課程。

筒井 紀博／筒井紀博空間工房

Tsutsui Kihaku 1972年生於茨城縣。95年畢業於日本大學理工學部海洋建築工學科。曾於95年任職於石井和紘建築研究所、98年任職於平野治司計畫工房。於02年創立筒井紀博空間工房。負責監修「愛犬家住宅專員」建築部門。盡心追求的理念是：「不只是從飼主的視點來思考如何打造一個方便照顧狗狗的空間，也會站在狗狗的立場，打造一個讓狗狗們都能舒適居住的環境。」

石川 淳／石川淳建築設計事務所股份有限公司

Ishilawa Jun 1966年生於神奈川縣。於神奈川縣立鎌倉高中畢業後，曾於87年任職於建築模型屋。90年向早川邦彥先生拜師學藝。93年參加Interdesign Associates。02年創立石川淳建築設計事務所股份有限公司。09年擔任東京理科大學工學部第二部建築學科兼任講師。10年石川淳建築設計事務所股份有限公司法人化。提出「不只是方便好照顧而已，還要打造出能讓狗狗享受生活的空間」的方案。

田邊 惠一／田邊計畫工房股份有限公司

Tanabe Keiichi 1953年生於東京。77年畢業於日本大學藝術學部美術學科。曾於78年任職於仙田滿／環境設計研究所股份有限公司。於94創立田邊計畫工房股份有限公司。同為工作上的夥伴、職業是室內設計師的太太（田邊敏子），同時也是社會動物環境整備協會的狗狗生活諮詢師。現在家裡有迷你臘腸犬、約克夏、平毛尋回犬，是一位超級愛狗人。

前田 敦／一級建築師事務所 前田敦計畫工房

Maeda Atsushi 1958年生於山口縣。83年修畢日本大學大學院博士前期課程。90年任職於UPM八束hajime股份有限公司－建築計畫室主任設計師，隨後創立建築俱樂部有限公司。曾擔任社團法人岡山縣建築師會理事等多數委員。2011年建築俱樂部有限公司東京事務所改組，開設前田敦計畫工房。盡心追求的理念是：「為了我們特別的狗狗家人，自然要多加點心思打造出良好的居家環境。」

黑崎 敏／APOLLO一級建築師事務所股份有限公司

Kurosaki Satoshi 1970年生於石川縣。94年畢業於明治大學理工學部建築學科。隨後任職於積水房屋東京設計部、FORME一級建築師事務所，於2000年創立APOLLO一級建築師事務所股份有限公司。擔任董事長職務。曾經獲得「日本建築家協會優秀建築選」、「International Space Design Award」等多數獎項。著書有「新しい住宅デザインの教科書」（X-knowledge出版）等。盡心追求的理念是：「打造讓人與狗狗都能感到舒適的空間」。

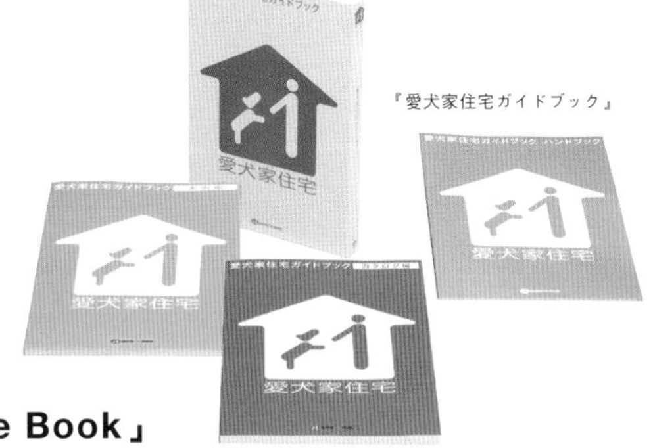

『愛犬家住宅ガイドブック』

想要看更多、了解更多有關愛犬家住宅的創意與用心的朋友在此為您介紹「愛犬家住宅Guide Book」

本書所刊登的愛犬家住宅案例，在「愛犬家住宅Guide Book」裡有更詳細的介紹。

「愛犬家住宅Guide Book」，是以【案例篇】【型錄篇】【手冊】三大章節所構成。

在【案例篇】中，透過各式犬種的案例，把打造與狗狗快樂生活的住家創意和用心，以豐富的照片和圖片作介紹。裡面集結了建築師與愛犬家住宅專員的風格和想法，眾多案例請務必多多參考。

另外，在【型錄篇】中，則收集了打造愛狗人住宅會用到的建材商品資訊。而在【手冊】當中，我們收錄了住宅市場、愛狗人市場、愛狗人住宅市場現狀與分析等各種調查資料。為了能和愛犬過著更加快樂舒適的生活，請好好活用這本「愛犬家住宅Guide Book」。

『愛犬家住宅』是日本特有的主題

把「和愛犬過著更加舒適快樂的生活」當作企業理念，
創立與狗狗有關的教育事業是在2004年。

公司創立後，我們透過考取「狗狗生活諮詢員證照」的講座得知，「想從事與狗狗有關的工作」的人非常地多。

因此，我們調查了取得此證照的人，未來在社會上的就職、就業的可能性有多高，結果卻發現，「只想在寵物業界被動地發揮所長，其實並不太樂觀……」。

「這樣的話，那就得讓擁有和狗狗有關的知識和技巧的人，也能在寵物業界以外的領域大展身手才行……」。

基於這個想法，為了幫助考取證照的合格者能擁有更多發揮長才的舞台，我們負起身為教育事業工作者的職責，挑戰了各種不同領域的事業。

雖然在這裡面我們也歷經了許多次的失敗，但我們相信，這些努力都會成為追求企業理念的一部份，並致力跨越業界的圍牆，期盼成為一座通往外界的橋樑……。

在不斷地累積經驗之下，我們發現了一個重點，那就是，「狗狗一生當中的時間，有一大半都是在家中渡過」，以及「全家人裡，就屬狗狗待在家裡的時間最長」。也就是說，如果想和狗狗過著豐富又快樂的生活，「住宅」將會是實現這一切的基礎。

後來，我們花費了一年的準備時間，於2008年春天發行了「愛犬家住宅Guide Book」。

此外，若想讓所有愛狗人的住宅都能變得更加安全、安心、舒適，那麼，擁有與狗狗生活時必備的知識與技巧之專業人才是不可或缺的。因此，便於2008年秋天設立了「愛犬家住宅專員」認證。

從準備期間到正式開始服務前後累計超過七年的時間，越來越多的業者了解到，把狗狗當作家人的家庭需要專案處理，以及為了專案處理就必須擁有相對應的知識和技巧。

另外，住宅業界的各大公司為了協助愛狗人能有一個安全、安心、舒適的住宅環境，不只開始有相關推薦商品的介紹，連帶地積極地投入此事業的公司也越來越多了。

受到此趨勢所帶來的影響，在本書發行的2014年11月，來報名參加愛犬家住宅專員講座的學員超過三千人以上。

也有越來越多人懷抱著「希望所有愛狗人都能和狗狗住在安心、安全、舒適的住宅，過著更加豐富快樂的生活」的願望，努力學習並考到證照。

本書當中所介紹的愛犬家住宅專員與監修愛犬家住宅專員認證的建築師們實際經手的住宅案例，都有收錄在『愛犬家住宅Guide Book』（2013年8月發行）裡。

老實說，當我們開始投入這項事業以後，經常有人會問：「國外有沒有類似愛犬家住宅這樣的先例呢？」

的確，要說與狗狗共同生活的歷史，歐美國家還是比較悠久的。但像我們這樣需要脫鞋子生活的裸足文化，在生活習慣上還是有所差異，因此，「愛犬家住宅」可以說是日本特有的主題。

和狗狗一起生活，會有狗狗品種上的天性或每隻狗狗的個性差異，再加上一起生活的家族成員和住宅環境，每個家庭所需要的條件都不同，因此必須盡可能地擁有更多的案例、資訊和知識。我國該如何累積這些資源並提供共享，將會是一個很重要的課題。

因此，為了推廣這份事業讓它能更加大眾化，進而建造一個讓更多的住宅事業者都能回應愛狗人想法的環境，我們創立了一般社團法人愛犬家住宅協會，我也成為當中的理事為大家服務。

承蒙業界各大公司的協助，我們將會與投入「愛犬家住宅」事業的全國夥伴一同更加積極地展開活動。

1onwan股份有限公司 董事長

TITLE

狗狗與我們同住，舒適又自在

STAFF

出版　瑞昇文化事業股份有限公司
編著　愛犬家住宅
譯者　黃桂香

總編輯　郭湘齡
責任編輯　黃思婷
文字編輯　黃美玉　莊薇熙
美術編輯　謝彥如
排版　執筆者設計工作室
製版　明宏彩色照相製版股份有限公司
印刷　桂林彩色印刷股份有限公司
法律顧問　經兆國際法律事務所　黃沛聲律師

戶名　瑞昇文化事業股份有限公司
劃撥帳號　19598343
地址　新北市中和區景平路464巷2弄1-4號
電話　(02)2945-3191
傳真　(02)2945-3190
網址　www.rising-books.com.tw
Mail　resing@ms34.hinet.net

初版日期　2015年10月
定價　250元

國家圖書館出版品預行編目資料

狗狗與我們同宅,舒適又自在 / 愛犬家住宅編著 ; 黃桂香譯. -- 初版. -- 新北市 : 瑞昇文化, 2015.10
128　面 ; 21 x 14.8　公分
ISBN 978-986-401-047-9(平裝)

1.犬 2.寵物飼養

437.354　104018275

瑞昇文化
ISBN 978-986-401-047-9
00250
9 789864 010479
DG004
NT$ 250

天藍色…冰淇淋蘇打

Recipe

冰淇淋蘇打職人／「旅する喫茶」店主
tsunekawa 著

天藍色、水果、懷舊感、寶石、季節……etc.

讓人想仔細鑑賞品味
35道激發雀躍與欣喜的
冰淇淋蘇打調製方法

Twitter
追蹤人數 18.6 萬人！
預約絡繹不絕的
「旅する喫茶」店主
為各位獻上的第一本飲料調製食譜

tsunekawa

（株式会社 旅する喫茶）

〜〜〜

每天都在調製冰淇淋蘇打，
並且持續探究箇中之道的冰淇淋蘇打職人。
開一間咖啡廳、成為一個典雅專業的店主是我的夢想。
對我來說，冰淇淋蘇打就是悸動雀躍的聚合體。

Twitter　　@tsunekawa_
Instagram　@tsunekawa_
YouTube　　tsunekawa

旅する喫茶

〜〜〜

地址：東京都杉並区高円寺南 4-25-13 2F
營業時間：12:00 - 20:00（最後點餐時間 19:30）
夜喫茶日增加 20:00 - 24:00 的時段
公休日：星期一
HP：https://tabisurukissa.com/

※ 本店於星期六、星期日、國定假日採網路預約制，於當天早上 10:00 開始預約。
詳細資訊請參照官方網站與 Twitter。